湖南省管理科学与工程重点实验室课题出版资金立项出版

基于合作协同演化的微粒群计算及其应用

伍大清　著

南华大学专著出版资金立项出版

U0245499

电子工業出版社.

Publishing House of Electronics Industry

北京·BEIJING

内 容 简 介

本书围绕粒子群优化算法在优化领域存在的不足，并结合具体工业生产过程的实际应用，对粒子群优化算法进行了改进和应用研究。本书基于合作协同算法框架，将各种局部优化、全局优化、自适应等策略融入到微粒群优化算法，以克服传统微粒群算法某些方面的缺陷，较大幅度地改进了算法性能，构建了面向大规模复杂优化问题的微粒群智能计算框架体系，并利用通用的组合优化和实数优化问题对算法进行了验证，将其应用于函数优化、柔性车间调度、环境经济调度、带时间窗的车辆路径优化及低碳供应链选址-路径-库存集成优化等实际管理工程复杂问题，在应用过程中体现了合作协同微粒群计算的有效性和实用性，为求解大规模复杂问题提供理论基础与方法支持。

本书可作为计算机、电气自动化技术、管理科学与工程等相关专业高年级本科生或研究生智能计算方法课程的教材，也可作为计算机、电气自动化技术、管理科学与工程等相关行业研究和开发的参考书。

图书在版编目（CIP）数据

基于合作协同演化的微粒群计算及其应用 / 伍大清著. —北京：电子工业出版社，2015.9

ISBN 978-7-121-27258-5

Ⅰ. ① 基… Ⅱ. ① 伍… Ⅲ. ① 电子计算机—算法理论Ⅳ. ① TP301.6

中国版本图书馆 CIP 数据核字（2015）第 227383 号

策划编辑：章海涛　戴晨辰
责任编辑：郝黎明
印　　刷：北京京师印务有限公司
装　　订：北京京师印务有限公司
出版发行：电子工业出版社
　　　　　北京市海淀区万寿路 173 信箱　邮编　100036
开　　本：787×1 092　1/16　印张：8.75　字数：224 千字
版　　次：2015 年 9 月第 1 版
印　　次：2015 年 9 月第 1 次印刷
定　　价：39.00 元

凡所购买电子工业出版社图书有缺损问题，请向购买书店调换。若书店售缺，请与本社发行部联系，联系及邮购电话：(010) 88254888。

质量投诉请发邮件至 zlts@phei.com.cn，盗版侵权举报请发邮件至 dbqq@phei.com.cn。

服务热线：(010) 88258888。

前　言

　　受自然现象或生物进化启发的群智能算法被广泛用于求解科学研究和工程应用领域中的优化问题。面临优化问题不断增加的复杂性，许多群智能算法难以满足大规模复杂优化问题求解的需求，将合作协同演化理论引入到群智能算法中已成为求解大规模复杂优化问题的有效途径之一。基于合作协同演化的群智能算法通过多元集成、协同进化等方式，根据实际求解问题灵活构造抽象的算法模型，从而达到有效改善算法优化质量、效率和鲁棒性的目的。

　　微粒群优化（Particle Swarm Optimization，PSO）算法是一种可靠、通用的元启发式优化算法，在各类优化问题中展现了令人瞩目的性能。然而，微粒群优化算法存在容易陷入局部停滞、早熟收敛或优化精度不高等缺陷。为了提高微粒群优化算法的性能，本书系统地分析了微粒群优化算法的基本原理和算法要点，从多角度入手，将合作协同演化理论引入到微粒群优化算法中，提出了基于合作协同演化的微粒群计算模型，并将其应用到实际管理优化问题中。该研究拓展了大规模复杂优化问题和群智能优化算法的研究范畴，为求解大规模复杂优化问题提供了有效的新方法。本书主要创新性工作概括如下。

　　（1）为了适应各类复杂问题的求解，提高微粒群算法的普适性和鲁棒性，根据协同免费午餐理论，本书提出了基于自适应学习的多策略并行微粒群算法。融合快速收敛、跳出局部极值、深度搜索、广度开发 4 种变异策略，本书引入了自适应学习机制，根据问题复杂程度选择出合适的策略来完成全局寻优。仿真实验验证了算法在优化效率、优化性能和鲁棒性方面均有很大改善，并具有较强的普适性。

　　（2）通过对协同演化策略和群智能算法特性的反思，将协同演化模式和并行进化机制引入到微粒群算法和蜂群算法中，建立了一种多阶段动态群智能算法。该算法结合动态种群的微粒群算法与开发能力较强的协同蜂群算法的各自优势，实现了全局寻优。该算法将整个搜索过程分成 3 个阶段，为了保持种群的多样性，首先，利用微粒群局部模型进行粗搜索；其次，采用个体间反馈能力强的协同蜂群算法搜索空间的广度及深度；再次，利用微粒群全局模型提高寻优速度，从而完成整个问题的全局寻优。通过函数优化测试及柔性车间作业调度问题的求解，验证了提出的算法具有收敛速度快、全局搜索能力强、稳定性好、求解精度高的特点。

　　（3）受空间自适应划分和动态拓扑结构启发，将多目标优化问题分解成多个单目标问题进行求解，提出一种基于空间自适应划分的动态种群多目标优化算法，并引入年龄观测器及精英学习策略，防止帕雷托（Pareto）最优解集陷入局部最优，对国际多目标测试函数及环境经济调度问题进行仿真测试，提出算法能对解空间进行更加全面、充分的探索，从而快速找到一组分布具有尽可能好的逼近性、宽广性和均匀性的最优解集合。

　　（4）以管理优化中具有代表性的带时间窗车辆路径优化问题为研究对象，采用基于集合的编码方式，引入插入启发式与前推启发式信息初始化方法及局部搜索算子，设计了一种解决多目标组合优化问题的微粒群算法，通过对国际标准测试算例带时间窗车辆路径优化问题仿真实验，验证了提出算法比许多启发式算法搜索精度高。运用算例仿真实验结果表明该算法能有效降低物流配送成本，提高配送效率，具有较好的实用价值。

（5）对涉及生产商、潜在配送中心及分销商的低碳化多源选址—路径—库存集成问题进行研究。在考虑碳排放的基础上，对产品从生产商经过潜在配送中心再到最终分销商的整个流程中有关配送中心选址、库存要求及路径选择等问题进行优化设计，构建低碳供应链多级网络选址—路径—库存多目标优化模型，以整条供应量成本及碳排放成本最低为目标；设计了两个阶段的协同多目标微粒群优化算法；通过仿真实验对算例进行了分析，并对模型进行了求解，得出了相应的结论。

本书技术路线如图 1-1 所示，各章节的内容组织安排如下。

第 1 章，绪论。本章阐述了本书的选题背景及研究意义，分别对合作协同演化算法、微粒群优化算法及其实际应用领域等进行了简要的描述，重点介绍了本书的研究内容和创新点。

第 2 章，相关理论。本章概要地介绍了书中涉及的单目标及多目标优化理论，合作协同演化算法理论，以及智能优化算法，包括微粒群优化算法、蜂群优化算法的基本概念、基本原理与基本操作。

第 3 章，基于自适应学习的并行协同微粒群算法及理论研究。本章针对目前很多特定的微粒群算法其鲁棒性和普适性均不强等问题，融合 4 种不同进化策略，在自适应学习机制下完成寻优。仿真实验验证了新算法显著提高了微粒群优化算法的性能，在优化效率、优化性能和鲁棒性方面均有很大改善，并具有较强的普适性。理论分析证明了自适应学习多策略并行微粒群算法的收敛性和计算复杂度等。

第 4 章，基于多阶段协同微粒群智能优化算法。本章针对微粒群和协作型人工蜂群优化算法各自的优缺点，基于"阶段混合"思想，提出一种基于微粒群和人工蜂群的多阶段混合智能优化算法。仿真实验验证了新算法的整体寻优能力。

第 5 章，基于空间自适应划分的动态种群多目标优化算法。本章提出了一种基于动态划分的多种群协同演化的多目标优化算法，通过在一种新的局部和全局最优粒子的引导下，快速靠近帕雷托最优前沿面，使用年龄观测器来保持种群多样性，设计差分演化变异操作来防止帕雷托最优解陷入局部最优，仿真结果表明，新算法能够在保持帕雷托最优解多样性的同时具有较好的收敛性能。

第 6 章，基于集合编码的车辆路径多目标优化模型及算法。本章以最小化所需运输车辆数目和车辆行驶距离为目标，提出了一种基于集合编码的多目标离散微粒群优化算法，通过对国际标准算例测试验证了新算法比许多启发式算法搜索精度和效率更高。

第 7 章，低碳供应链选址—路径—库存集成优化模型及算法。本章建立了一个考虑碳排放的多级供应链网络选址—路径—库存集成优化多目标模型，然后利用两阶段协同多目标微粒群优化算法对模型进行求解，并对算例进行讨论分析。

第 8 章，总结与展望。本章总结了本书的研究工作，提出下一步的研究方向。

目　录

本书内容框架

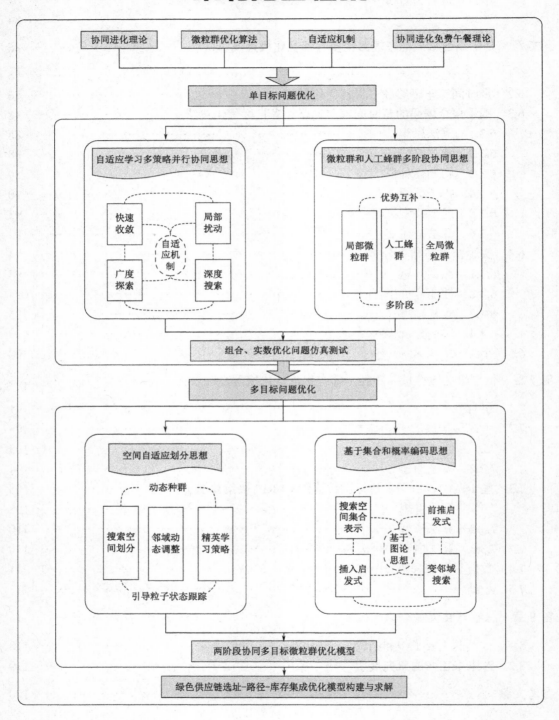

第1章 绪 论

1.1 研究背景与意义

优化技术是一种以数学为基础的求解各种工程优化问题的应用技术，随着计算机、物联网及高新技术的飞速发展，其作为一个重要的科学分支一直受到人们的广泛重视并在诸多工程领域得到迅速应用和推广。工业、农业、国防、信息、交通、经管等领域中的许多问题都可以转化为优化问题来处理，例如，在工程设计中，选择怎样的设计参数使得系统性能满足要求并且成本最小化；在生产计划安排中，选择怎样的计划方案才能保证产值和利润最大化；在军事打击中，怎样分配武器装备，使得有限的武器对一定的目标更有效等。这些问题的解决，对节省资源、提高生产效益与效率具有重要的作用。因此，现代科学与技术、工程与经济中的许多最新进展都依赖于计算相应优化问题数值技术的改进与创新，这些方法成为国内外的研究热点，因此，研究新的优化理论与方法不仅具有重要的理论意义，还具有广泛的应用价值。

由于求解最优化问题的最速下降法、牛顿法、共轭梯度法等传统优化方法通常要求优化问题的目标函数具有连续、可微、单峰等性质，而实际优化问题常常具有非线性、多维度、多峰值、不连续、不可微、动态不确定等性质，这使得传统优化方法的发展和应用受到了很大的限制。近几十年来，随着计算机容量和计算速度的不断提高，大规模并行处理技术的产生和并行分布式理论的逐步成熟，无须优化问题特殊信息的进化算法（Evolutionary Algorithm，EA）进入了一个全新的发展时期并引起了诸多专家、学者的极大关注[1]。

宽泛来说，进化算法是指人们从生物进化、物理等自然现象中受到启发而提出的一些用以解决优化问题的模拟优化方法。常见的进化算法有遗传算法[2]、神经网络[3]、进化策略（规划）[4]、遗传规划[5]、微粒群优化算法[6]、差分进化[7]、蚁群算法[8]、鱼群算法[9]、文化基因算法[10]、模拟退火算法[11]、人工蜂群算法[12]等。实践证明，它们在生物信息处理领域、数据挖掘领域、机器学习领域、工业设计领域、运筹管理优化领域等有很好的表现，能够有效解决许多传统优化方法不能解决的复杂问题，特别是针对管理学领域中解决 NP-Hard 问题和组合优化问题，所以对这些新算法及其应用的研究成为学术界的研究热点。随着各种大规模优化问题日趋复杂化，由于不同的智能优化算法总是存在一些固有的缺点，人们不断尝试对智能优化算法本身提出了更多的改进，使算法性能在一定程度上得到了提高，但是算法固有缺点并没有从根本上得到有效的解决。因此，不少学者提出融合多种策略或将不同的智能优化算法相结合，充分利用各种智能优化算法的差异性和互补性，分而治之，扬长避短，实现优势互补与信息增值，从而增强算法求解复杂问题的能力，取得更好的研究效果。

生物学中的杂交优势理论指出[13]：杂交优势是自然界的普遍现象，杂交产生的后代在抗逆性、繁殖力、生长势等方面优于纯种亲本的现象。受到生物学杂交优势理论的启发，人们自然而然地想到将杂交优势理论引入到进化算法中，这样就形成了一种新的进化模式——合作协同演化算法。合作协同演化算法借鉴了自然界中的协同演化机制，强调一个物种的个体行为受到另一个物种的个体行为的影响，进而产生物种之间相互合作，根据外界环境的变化，自适应调整自身状态达到共同进化的目的。这类算法具有能够对所求问题的解空间进行合理的划分，有效跳出局部最优而寻找更好解的特点。因此，提出、构建并实现高性能的合作协同智能优化算法，全面提高算法的局部与全局收敛能力，是综合运用合作协同智能优化算法解决各类实际工程复杂问题的前提。

本书以微粒群优化算法为研究，在分析并揭示合作协同演化算法起作用的关键机制的基础上，引入并行进化模式和自适应进化机制，针对组合优化、实数优化中单目标和多目标复杂问题的特点，构造了一系列高性能合作协同智能微粒群优化算法，实验仿真实现并将其应用于函数优化、柔性车间调度、环境经济调度、带时间窗的车辆路径优化及低碳供应链选址—路径—库存集成优化等实际管理工程等复杂问题，在应用过程中体现了合作协同微粒群计算的有效性和实用性，为求解大规模复杂问题提供了理论基础与方法支持。

综上所述，本书研究的相关内容无论是在理论上，还是在应用方面都有很好的研究价值和应用前景。

1.2 国内外研究进展

1.2.1 合作协同演化算法研究进展

合作协同演化算法（Cooperative Coevolution Algorithm，CCA）是基于协同演化论，借鉴生态学的种群协同理论，应用种群间自动调节和自适应原理来构造的，是近年来提出的一类新的进化算法。协同演化论承认生物的多样性，强调生物与生物之间、生物与环境之间在进化过程中的某种依存关系。合作协同演化算法中多个种群同时演化，种群形成用于维持演化过程中的种群多样性，对求解空间进行更有效的搜索，如果这些分离的种群用一个全局适应度来衡量，它们就倾向于收敛到合作很好的不同策略中，这是协同演化的基本机制[13]。

早在 1994 年，Potter 和 De Jong 将合作协同技术引入了进化算法研究领域[14]，结合遗传算法，提出了合作协同遗传算法（CCGA）。文献[15]尝试将差分演化算法结合 CCA 框架将解空间分解成多个子空间，每个子空间包含一个一维自变量，仿真实验与解空间分为两部分进行比较，结果表明这种分解方法并不能保证每次结果都优于解空间分为两部分的结果。近年来，随着群智能优化的兴起，不断有CCA与群智能优化算法相结合，扩展了CCA的范围。李晓东等[16]将CCA结构和PSO算法结合，使用分组策略和自适应权值策略得到CCPSO，实验结果表明，这两种策略能够明显改进先前的CCA及PSO算法解决大规模问题时的性能。

人工蜂群算法（Artificial Bee Colony Algorithm，ABCA）和CCA框架结合得到CABCA[16]，使得ABCA的收敛速度和精度得到了改善。Maniadakis[17]突出不同层次的局部的独立作用，强调它们作为一个整体系统的作用，高层次的演化过程探索完整的结构，协调低层次部分的演化，提出并分析了层次合作协同演化（HCCE）算法。CCA结构和Memetic算法[18]相结合用于解决神经网络参数优化问题。此外，CCA框架和分布估计算法EDA的结合[19]提升了算法性能，Yang等[20]采用动态分组规模的方法，提出了MLCC算法，将原有大规模问题被问题分解器分解成若干个子问题，采用一种给定的演化算法分别对每个子问题进行求解；在王瑜[21]提出的VP-DECC中，方差较大的自变量将被选出构成当前要优化的子群体，首先计算D维自变量的方差，按大小排序，按从大到小的顺序分别将个体分配到子群体中，保证正在优化的子群体中的自变量是当前方差最大的一批自变量，VP-DECC处理复杂高维问题的能力得到了大大提高。

合作协同演化算法已经广泛应用于诸多领域，如电子工程、模式识别和交通运输规划等。Garcia-Pedrajas等[22]提出了一种基于协同演化人工神经网络的方法，称为COVNET。Kimura等[23]将CCA用于推断大规模基因网络的S-system模型。曹先彬等[24]提出了一种基于协同演化的行人检测系统。滕弘飞等[25]提出了基于对偶系统的协同演化的卫星模型布局设计。梁昌洪等[26]基于CCA提出了一种新的分解策略和协同方法解决无功优化问题。Sim等[27]运用CCGA解决炼油厂调度的全局优化。Panait[28]提出了一种在协作型协同演化框架下将传统演化计算技术应用到多智能体行为学习领域的方法。Nema等[29]结合了微粒群算法、梯度搜索和CCA平衡探索和搜索，快速、准确、高效地解决约束优化问题。Boonlong等用CCGA鉴定粒子图像测速中的错误速度矢量[30]。李伟[31]用基于CCA结构的免疫诊断框架定义及分析误差诊断，改进了误差诊断方法的精确度，克服了动态环境中误诊的缺陷，使用免疫细胞之间的相互促进和抑制的方法来实现误差诊断。

通过分析已有研究工作可知：首先，大规模优化问题可以分成大规模简单优化问题（大规模可分优化问题）和大规模复杂优化问题（分解出来的子优化问题不但维度差别较大，性质差别也较大），大规模简单优化问题只是问题在维度上的急剧扩展，而大规模复杂优化问题不但维度大，而且分解出来的子问题维度可以不等、子问题性质可以不同；其次，早期研究较多的是大规模简单优化问题，在大规模复杂优化问题上，尽管研究人员提出了一些改进的分解策略，但这些策略具有很大的盲目性，因此，需要通过有效的学习技术获取优化问题的解矢量结构知识，然后根据知识进行大规模复杂优化问题解矢量自动分解。其次，现有研究在子优化问题求解算法选择上具有很大的随意性。由于大规模复杂优化问题的子问题维度和性质可能具有较大的差异，因此需要提出适合其求解的进化算法；最后，子问题优化计算开销分配问题是新型合作协同进化算法设计中必不可少的研究环节。

综上所述，合作协同演化算法在以下几个方面有待进一步深入研究。

1．问题分解策略

解矢量分解是制约合作协同进化算法求解大规模复杂优化问题的瓶颈。对于合作协同演化算法结构，除了自然分解之外，问题分解并没有比较好的分解方法。但是如何能够得到比较理想的结果、比较好的分组，还需要深入的探索。

2．子空间相关性

对于子空间相关性的研究，当前主要通过统计两个子空间的相关系数，然后对子空间进行分解和合并的方法来解决，是否存在其他更合理的方法亟待探索。

3．合作协同演化算法结构和高维优化算法相结合

目前的合作协同演化算法主要是将合作协同演化算法结构和基本的演化算法相结合。除了合作协同演化算法结构之外，一些其他的高维优化算法也能够较为有效地解决大规模优化问题，能否将二者结合起来，更加有效地解决高维优化问题，也是当前的研究热点。

4．合作协同演化算法结构和新兴演化算法相结合

近年来涌现了很多新兴的演化算法，主要包括觅食算法（细菌觅食算法、蜂群觅食算法、蝙蝠算法等）、分布估计算法等。对于如何更好地将合作协同演化算法结构和新型演化算法相结合，提升这些算法的效果，还需要进一步研究。

5．合作协同演化算法的应用

合作协同演化算法应用主要涉及数值优化、调度、博弈策略设计、模式识别及数据挖掘等，在这些领域合作协同演化算法有着极为广阔的研究前景，需要我们一步步探究。

1.2.2 微粒群优化算法研究进展

自微粒群算法提出以来，各种研究成果大量涌现，IEEE 第一届国际群智能研讨会（2003 年）召开以来，每年举办一次有关群智能方向的国际研讨会，以促使群智能算法的发展。国内外学者对微粒群优化算法做了许多改进，一些知名的国际会议和权威期刊刊载了大量的微粒群优化算法相关的研究成果。作为一种全新的群智能搜索技术，自其提出以来，学者们主要集中于对其算法结构性能的提升、理论基础和应用等方面的研究。以下将根据相关文献，从种群的拓扑结构的改进、粒子学习策略的研究、与其他算法的混合策略及多目标优化等 4 个方面进行讨论。

1. 种群拓扑结构

种群的拓扑结构直接决定了粒子学习样本的选择，不同的邻居拓扑结构衍生出不同的 PSO 算法。Kennedy 等[32]根据粒子邻居拓扑结构的不同，把微粒群算法分为局部版本微粒群算法和全局版本微粒群算法。其中，全局版本的邻居由种群中除自己以外的所有粒子构成。而局部版本算法中，每个粒子的邻居由与它直接相连的那些粒子构成。文献[33]引入了一个时变的欧代空间邻域算子：在搜索初始阶段，将邻域定义为每个粒子自身；随着迭代次数的增加，将邻域范围逐渐扩展到整个种群。文献[34]采用了主—仆模型（Master-Slaver Model），其中包含一个主群体，多个仆群体，仆群体进行独立的搜索，主群体在仆群体提供的最佳位置基础上开展搜索。文献[35]将小生境技术引入到 PSO 中，提出了小生境 PSO。文献[36]采用多群体进行解的搜索。文献[37]则每间隔一定代数将整个群体进行随机地重新划分，提出动态多群体 PSO。Baskar 等[38]提出了一种类似的协作 PSO，称为并发 PSO，它采用两个群体并发地优化一个解矢量。Li [39]提出了一种环形拓扑结构的小生境微粒群算法。倪庆剑等[40]提出了动态可变多簇邻域结构的策略，该方法在算法迭代的初期使用全局版本 PSO，充分利用其收敛速度快的特点将粒子引向有希望的搜索区域，同时不失群体的多样性，然后在搜索的中期使用多簇邻域结构作为过渡，协调 PSO 的开发和开采能力，最后在迭代的末期使用环形拓扑，仿真实验表明其求解复杂优化问题时效果明显。Wu[41]等人提出了一种多群体动态邻域结构的 PSO，在该算法中群体被划分成若干子群，每个子群按照自身的邻域结构独立搜索迭代，在经历一定的迭代次数后将所有的粒子随机重组成新的子群。

2. 基于学习策略改进的微粒群优化算法研究

由于原始的微粒群优化算法容易早熟收敛从而陷入局部最优，为了缓解这种早熟收敛现象，许多学者尝试改进粒子的学习策略或借鉴其他优化方法的思想改进其策略，以增强微粒群优化算法的寻优能力或加快其收敛速度。

Li[42]等提出了一种自适应的学习策略，根据种群中粒子的运行状况，动态地为每个粒子指派学习样本，以增强粒子间的信息交流。Zhan 等[43]通过分析种群的多样性与学习策略的关系也提出了新的学习策略，极大地提升了算法的运行效率。总之，学习策略改进的目的就是增强粒子间的信息交流，增强种群的多样性，进而提升种群跳出局部最优解的能力。上述这些改进策略在某种程度上起到了积极作用，但是收敛精度等方面还存在不足。Wang 等[44]提出了一种自适应学习的微粒群算法，在该算法中粒子速度的更新存在 4 种不同的策略，并定义了一个学习概率模型用于确定学习的策略，此学习概率根据产生子代的适应度值排序定期进行调整，从而实现自适应选择学习策略。纪震等[45]提出了智能单粒子优化算法，该算法不是对整个速度矢量或位置矢量同时进行更新，而是将粒子的位置矢量分解成一定数量的子矢量，并按顺序循环更新每个子矢量。在子矢量更新过程中，引入一种新的学习策略，使粒子在搜索空间中能够动态地调整速度和位置。实验结果表明，提出的算法在优化复杂的具有大量局部最优点的高维多模函数方面具有一定的优势。迟玉红等[46]提出了一种基于空间缩放和吸引粒子的微粒群优化算法，该算法能够保证算法全局探测能力和局部开发能力；Tanweer 等[47]提出了一种基于人类认知的 PSO 算法，用于解决复杂的多峰问题，该算法拥有非常好的多样性保持机制，Li 等[48]提出了一种自适应的学习策略，根据种群中粒子的运行状况动态地为每个粒子指派学习样本，以增强粒子间的信息交流；张顶学[49]提出了一种基于种群速度的自适应微粒群算法；Mendes 等[50]提出了牵制粒子飞行趋势的不应该只是该粒子的邻接粒子的观点，并据此提出了一种广泛利用搜索信息的 FIPS 算法；贾树晋等[51]为了提高算法的收敛性和非支配解集的多样性，提出了一种基于局部搜索与混合多样性策略的多目标微粒群算法。在文献[52]中，Sabine 采用常用假设条件，首次尝试着用理论方法证明了粒子越界问题，并得到了惊人的结论：当用最常用的方法对粒子速度进行随机均匀初始化时，第一次进化完成后，所有粒子都会飞越边界；即使在初始化时，将所有粒子速度置为零，那些有"好邻居"的粒子仍然会飞越边界。

3．基于混合微粒群优化算法研究

根据无免费午餐理论，每种进化算法都有各自的优缺点，因此，如何将 PSO 与其他算法相结合也是当前研究热点之一。如在 PSO 中引入 GA 的选择、交叉和变异算子；将粒子更新后所获得的新的粒子，采用模拟退火的思想决定是否接受进入下一次迭代；将差分进化算法用于种群陷入局部最优解时，产生新的全局最优粒子等。Wei 等[53]提出基于 K 均值的混合 PSO 算法，在算法运行过程中，根据每个粒子的适应函数值来确定 K 均值算法操作时机，不仅增强了算法局部精确搜索能力，还缩短了收敛时间。Qin 等[54]将局部搜索算法嵌入到 PSO 中，每间隔若干代对粒子自身最优位置进行局部搜索。Olesen 等[55]提出将细菌趋药性算法与微粒群算法混合。Xin 等[56]提出将差分进化算法与 PSO 进行混合的策略。Li[57]等将禁忌算法与 PSO 混合。Niknam 等[58]提出将 PSO 与蚁群算法进行混合。黄泽霞[59]针对量子微粒群的惯性权值线性递减不能适应复杂的非线性优化搜索过程的问题，提出了一种惯性权自适应调整的量子微粒群优化算法。Wu 等提出了微粒群与蜂群混合的多阶段动态群优化算法。

总之，无论使用哪种混合算法都是为了提升种群多样性，但这些混合策略引入了新的参数（如在与遗传算法结合的混合算法中，何时进行变异和交叉操作，需要引入额外参数来控制这些操作的时机），而正因为此，会导致实际应用受到限制。

4．基于多目标的微粒群优化算法研究

目前，越来越多的研究将 PSO 扩展到多目标优化领域。Hu 等[60]提出的动态领域 PSO 算法，根据第一个优化目标计算当前粒子与其他粒子的距离确定动态邻域，根据第二个目标选择邻域内粒子作为群体的领导粒子，但这种方法只能处理双目标优化问题；Salazar-Lechuga 等[61]采用了基于支配关系及适应度共享的策略保持解集的分布性；文献[62]将容器和档案的思想引入 PSO 算法，用于解决多目标优化中个体或群体领导粒子的产生、

存储、更新、选择问题；文献[63]的主要思想是充分考虑全局极佳，在整个搜索过程中粒子只受全局极值约束，从而加快了搜索速度，但该算法在提高收敛速度的同时，还存在早熟收敛问题，也可能错过某些极值；任子晖[64]介绍了一种动态拓扑结构的多目标微粒群优化算法，给出了一种新的储备集更新策略，结合邻域拥挤度和粒子差异度，用小世界动态拓扑邻域结构来平衡粒子的全局搜索能力和局部搜索能力。还有学者试图将 PSO 算法与其他优化算法相结合来求解多目标优化问题。但是这些算法大部分没有考虑粒子空间分布和粒子演化过程的特征，在求解实际工程中的复杂多目标优化问题时，仍然存在求解效率不高或帕雷托最优解多样性不足等问题。

上述这些文献分析表明，微粒群优化是一种新兴的、基于群体智能的启发式全局随机搜索算法，具有易理解、易实现、全局搜索能力强等特点，为各个领域的研究人员提供了一种有效的全局优化技术。综观 PSO 算法的研究现状可见，PSO 算法的研究是目前计算智能领域的热点课题，但还不成熟。归纳而言，在以下几方面的工作尤其值得进一步深入探讨。

（1）理论研究：虽然目前对 PSO 稳定性和收敛性的证明已取得了一些初步成果，但自诞生以来其数学基础一直不完备，特别是收敛性一直没有得到彻底解决。因此，仍需要对 PSO 的收敛性等方面进行进一步的理论研究。

（2）控制参数自适应：虽然在 PSO 参数的改进策略等方面已取得了一定进展，但仍然有很大的研究空间；特别是如何通过对参数自适应调节以实现"探索"（Exploration）与"开发"（Exploitation）之间的平衡，以及"nearer is better"假设与"nearer is worse"假设之间的智能转换，是令人很感兴趣的课题。

（3）信息共享机制：基于邻域拓扑的 PSO 局部模型大大提高了算法全局搜索能力，充分利用或改进现有拓扑结构及提出新的拓扑，进一步改善算法性能，是一个值得进一步研究的问题。同时，由于全局模型具有较快的收敛速度，而局部模型具有较好的全局搜索能力，对信息共享机制做进一步研究，保证算法既具有较快的收敛速度，又具有较好的全局搜索能力，也是一个很有意义的研究方向。

（4）混合 PSO：混合进化算法是进化算法领域的趋势之一，将其与其他进化算法或传统优化技术相结合，可提出新的混合 PSO 算法，甚至提出基于 PSO 的超启发式搜索算法，使算法对不同种类的问题具有尽可能好的普适性，并能"更好、更快、更廉"地得到问题的解，也是一个很有价值的研究方向。

（5）应用研究：算法的有效性和价值必须在实际应用中才能得到充分体现。目前，PSO算法的应用大量局限于连续、单目标、无约束的确定性优化课题。应该注重 PSO 算法在离散、多目标、约束、不确定、动态等优化问题上的探讨和应用。广大科学与工程领域的研究人员，在各自的专业背景下，利用 PSO 解决各种复杂系统的优化问题，进一步拓展其应用领域，是一项十分有意义的工作。

1.2.3 微粒群优化计算典型应用

由于微粒群优化算法性能的优越性，目前已在工业、农业、国防、信息、交通、经管等领域的复杂问题中得到了广泛的应用。然而由于应用领域很多，在这里只对混微粒群优化算法在柔性作业车间调度、车辆路径优化问题、多目标优化问题中的应用研究现状进行分析。

1. 在柔性作业车间调度问题的应用

柔性车间作业调度问题的建模和求解一直是理论界的研究热点，如 2008 年著名国际期刊 *European Journal of Operational Research* 在专刊 Scheduling with Setup Times or Costs 中，专门对具有调整时间或代价的调度问题，包括单机调度、平行机调度、流水车间调度等的进展情况进行了探讨。生产调度问题早已被证明是 NP 难题，即使是一些小规模的调度问题，也很难得到其最优解。因此，对生产调度问题的研究，在理论研究和实际应用中都有非常大的价值。

Pongchairerks 等[65]提出了解决多目标 Job-shop 调度问题的微粒群算法，该算法为保持微粒的多样性，提出了对微粒以概率进行变异，同时为保证算法的全局收敛性，微粒速度的更新根据微粒当前速度、个体最好位置、全局最好位置和多个邻域最好位置来更新，最后作者实验证明了算法的全局收敛性。张长胜等[66]将微粒群算法与遗传算法相结合，利用遗传操作不断引入新的信息，同时增加了微粒动能判断，当微粒动能较低时对其进行随机贪婪邻域搜索，从而提高了算法性能。Liao 等[67]提出了离散化的微粒群算法求解 Flow-shop 调度问题，从而将应用于连续求解问题的微粒群算法转化成能对离散调度问题求解的方法。Liu 等[68]将各微粒群算法与其他邻域搜索算法相结合，从而提高微粒群算法的局部寻优能力，最后他们证明了算法性能较普通微粒群算法要好很多。王凌等[69]提出了混合群体智能优化算法，提出了混合群体智能优化算法的统一框架，并进行了算法的性能和收敛性分析。Ho[70]等提出了求解柔性 Job-shop 调度问题的文化进化遗传算法，该算法利用 CDR 算法使用不同的优先级规则来初始化遗传算法的种群，然后利用文化遗传算法来求解，最后作者证明了方法的有效性。该方法的优点是在算法中融入了自学习的特点，每次将两个与父一代染色体的优良染色体相似度大的染色体自动进入下一代，这样在迭代过程中有效地集成了父代的优良特性，但容易使算法陷入局部最优。文献[71]采用了基于动态遗传算法改进微粒群优化算法的方法，对类似于车间作业调度的港口拖轮作业调度过程进行了分析和求解。Li Bin-Bin 等[72]提出了一种求解置换流水车间作业调度问题的混合微粒群优化算法。潘全科[73]等将蜂群算法及邻域搜索策略应用于流水车间调度研究。于晓义[74]提出了基于工序染色体编码的并行协同演化多种群遗传算法，将其应用于多车间协同生产作业调度，并验证了该算法较标准遗传算法在解决此类作业车间调度上的优越性。文献[75]针对柔性作业车间调度问题，采用独特的编码方式和位置更新策略来避免不合法解的产生，提出了一种新型两阶段动态混合群智能优化算法。

通过对以上文献的研究与分析，到目前为止，可以知道人们已在对生产调度问题的建模、优化算法和系统设计开发等方面取得了很多成果。但由于大部分生产调度问题是 NP 问题，理论研究与实际应用之间往往存在很大距离，例如，建模过程中往往对现实问题做了某些简化或抽象，导致理论与实际脱节；更多的实际生产问题如动态调度、随机调度、多目标调度、分布式调度等问题的建模方法、模型稳定性、适应的研究还处于起步阶段；算法适用范围窄，目前的元启发式算法在组合优化领域的应用应该很容易，但往往需要一问题一算法，很难有一个算法不需任何修改即可应用于其他类似问题。

2. 在车辆路径优化问题中的应用

利用微粒群优化算法求解车辆路径问题，是其中的一个研究热点。针对这一问题，研究者们提出了很多相应的算法。Mirhassani[76]等人提出了利用微粒群优化算法求解开放式车辆路径问题，车辆结束访问之后不返回仓库。Ai 等[77]设计了一种新的 PSO 用来解决通货与发送的 VRP，并将该算法与其他几种算法在基准测试用例上进行了比较，结果表明其提出的算法具有很好的性能。Moghaddam [78]提出了基于 PSO 的解码算法，应用于带限制的 VRP。Marinakis [79]利用微粒群优化算法结合多阶段的变邻域搜索算法，提出了一种混合遗传微粒群优化算法，可以处理大规模的 VRPTW。Repoussis[80]等人提出了的一种新的弧主导进化算法，使用平行结构来解决 VRPTW。Petric 等人[81]提出了一种高效的混合启发式算法，且结合遗传算法、局部—全局计算方法及局部搜索算法来解决广义车辆路径问题。Baños 等[82]介绍了一种混合元启发式算法来解决带时间窗的多目标车辆路径问题。Goksal 等[83]描述了一种离散混合微粒群优化方法，以解决通货及发送的 VRPTW 问题。

尽管当前车辆路径优化问题的实用价值越来越明显，受到了广泛关注，但针对车辆路径优化问题的求解策略和算法，到目前为止仍存在许多不完善的地方，有待今后进一步深入研究。

3. 在多目标优化问题中的应用

PSO 是一种基于种群的进化算法，在每次迭代过程中，都能产生一组非劣解，同时，PSO 由于具有操作简单、收敛速度快等优点，因此，扩展 PSO 来处理多目标优化问题（Multi-objective Optimization Problems，MOP）是微粒群算法领域的一个研究热点，将 PSO 处理多目标优化问题所形成的算法称为多目标微粒群算法（Multi-objective PSO，MOPSO）。Coello[84]提出了一种经典的 MOPSO 算法，采用外部存档来存储和决定每一代中哪些粒子将成为非劣解成员，这些成员将被用来引导其他粒子的飞行。Li[85]提出了非占优排序 PSO，算法采用 NSGA-II 的外部存档维持方法，并利用非劣解排序策略选择领导者。Mostaghim[86]提出了一种 sigma（SMOPSO）方法，算法根据外部存档中的非劣解计算 sigma 值来选择全局领导者，但这种寻找全局领导者的方法在求解一些多目标问题时会出现早熟现象。文献[87]提出了广义微粒群算法结合帕雷托占优的概念，来处理环境、经济调度多目标优化问题。

Sierra[88]提出了一种多种群 MOPSO 算法，这种算法将整个群分成 3 个规模相同的子群，每个子群采用不同的变异因子，这种策略提升了粒子的探索能力。Reddy[89]提出了精英 MOPSO，算法合并了精英变异的因子来增加粒子探索和搜索的能力。胡旺等[90]引入了格占优和格距离密度的概念，来评估帕雷托最优解的个体环境适应度，以此建立外部档案更新方法和全局最优解选择机制，最终形成了基于帕雷托熵的多目标微粒群优化算法。黄发良等[91]提出了一种基于多目标微粒群优化的网络社区发现算法，它选取模块度、最小最大割与轮廓 3 个指标来进行综合寻优。田雨波等[92]采用多目标微粒群算法结合矩阵数值计算的形式，应用神经网络映射粗糙模型与精确模型的仿真结果，由粗糙模型和神经网络推测出精确模型的帕雷托最优解。

尽管当前微粒群在多目标优化问题研究领域中取得了丰硕的成果，但是大多数集中在实验仿真阶段，存在精度不高、帕雷托解不均匀等诸多不足。因此，多目标优化应用还需深入研究。

1.3 研究目的

自然界中各类生物体的智能行为正越来越受到广大科学工作者的关注，特别是近年来，基于生物信息系统的群智能研究已逐渐成为人工智能研究领域的一个重要内容。鉴于此，本书针对大规模复杂优化问题求解这一研究对象，在分析原有微粒群算法的优越性与存在不足的基础上，从合作协同计算的本质角度着手，站在更高层面，从演化算法的宏观进化角度提出了微粒群优化计算，具体目标如下。

（1）基于合作协同算法框架，将各种局部优化、全局优化、自适应等策略融入到微粒群优化算法中，构建面向大规模复杂优化问题的微粒群智能计算框架体系，以克服传统微粒群算法某些方面的缺陷，较大幅度地改进算法性能，并利用通用的组合优化和实数优化问题对算法进行测试，验证算法的性能。

（2）探索合作协同微粒群计算在管理优化领域中的一些新应用，开拓算法的应用范围，提出一些新应用的算法框架模型。

1.4 研究内容

由于协同演化算法能有效克服其他计算智能算法的早熟现象、优化精度不高等缺陷，针对本书的研究目标，将协同演化框架引入到传统微粒群优化算法，针对单目标及多目标优化问题，设计出高精度、快速、适用性强的微粒群优化算法，利用通用的组合优化和实数优化问题对算法进行测试，并将其用于解决不同类型的管理优化问题。

（1）基于自适应学习的并行协同微粒群算法及理论研究。为了更好地提高微粒群算法的普适性，融合快速收敛、跳出局部极值、深度搜索、广度开发 4 种变异策略，结合自适应学习机制，根据问题复杂程度选择出合适的策略来完成全局寻优。同时，通过理论分析算法的收敛性与时间复杂度，仿真实验证明了算法在优化效率、优化性能和鲁棒性等方面均有很大改善，并具有较强的普适性。

（2）基于多阶段协同群智能优化算法。通过对协同演化策略和群智能算法特性的反思，结合动态种群的微粒群算法与具有开发能力较强的协同蜂群算法的各自优势，取长补短，建立一种多阶段动态群智能算法。通过函数优化测试实验表明，提出的算法具有收敛速度快、全局搜索能力强、稳定性好、求解精度高的特点，并将该算法思想应用于求解柔性车间调度管理应用问题，通过国际标准测试用例及实际的管理问题应验证提出算法的有效性。

（3）基于空间自适应划分的动态种群多目标优化算法。引入了一种新的局部和全局最优"引导"粒子，利用年龄观测器实时记录引导者为粒子靠近帕雷托最优解集所做的贡献，设计了精英学习策略，对解空间进行更加全面、充分的探索，快速找到一组分布具有尽可能好的逼近性、宽广性和均匀性的最优解集合。对国际多目标测试函数及环境、经济调度问题进行仿真测试，结果表明算法在保持帕雷托最优解多样性的同时具有较好的收敛性能。

（4）基于集合编码的带时间窗车辆路径优化模型及算法。采用基于集合和概率的编码方式，引入插入启发式与前推启发式信息初始化方法及局部搜索算子，以多目标离散问题中具有代表性的带时间窗的车辆路径优化问题为研究对象，提出一种基于多目标离散微粒群优化算法，通过对国际标准算例测试实验，验证了提出算法比许多启发式算法搜索精度和效率更高。运用算例仿真实验结果表明对降低物流配送成本，提高配送效率具有较好的实用价值。

（5）低碳供应链多级网络选址—路径—库存集成优化问题研究。针对一个涉及生产商、潜在配送中心与分销商的 3 层供应链的网络进行研究，对商品从生产商经过潜在配送中心再到最终分销商的整个流程中有关设施选址、库存及路径问题进行优化设计。首先建立了一个考虑碳排放的供应链网络优化模型，以整条供应链成本及碳排放成本的最低为目标；然后设计了两阶段协同多目标微粒群优化算法对模型进行求解；最后对算例进行了分析求解。

1.5　创新点

本书的创新点如下。

（1）针对目前大多数微粒群优化算法鲁棒性和普适性均不强等问题，根据协同免费午餐理论，提出自适应多策略并行学习的微粒群优化算法，融合快速收敛、跳出局部极值、深度搜索、广度开发 4 种变异策略，引入自适应学习机制，根据问题复杂程度选择合适的策略来完成全局寻优。

（2）建立了一种多阶段动态微粒群智能算法。该算法结合动态种群的微粒群算法与开发能力较强的协同蜂群算法的各自优势，实现全局寻优。该算法整个搜索过程分成 3 个阶段：首先，为了保持种群的多样性，首先利用微粒群局部模型进行粗搜索；其次，采用个体间反馈能力强的协同蜂群算法搜索空间的广度及深度；再次，利用微粒群全局模型提高寻优速度，从而完成整个问题的全局寻优。

（3）提出了一种基于空间自适应划分的动态多目标优化算法，多目标搜索空间被分成多个划分，每个划分内的粒子被一种新的局部和全局最优粒子引导，快速靠近帕雷托最优前沿面，引入年龄观测器实时记录引导者为粒子靠近帕雷托最优解集所做的贡献，设计了一种新型精英学习策略，防止帕雷托最优解集陷入早熟收敛，并利用国际多目标测试函数及环境、经济调度测试了该算法的性能。

（4）以管理工程中具有典型代表的车辆路径问题为对象，采用集合编码方式，提出了一种求解组合多目标问题的微粒群优化算法对该问题进行求解，并对车辆路径问题进行扩展，建立了考虑碳排放约束的选址—路径—库存集成问题优化模型，将基于集合的微粒群优化算法与基于空间自适应划分的动态种群算法相结合，设计了两阶段协同多目标微粒群优化算法，适合求解管理领域中既包含组合优化又包含实数优化的大规模复杂应用问题。

第2章 相关理论

2.1 引言

在科学研究、工程应用乃至日常生活中存在大量最优化决策问题，本书利用群体计算智能进行最优化问题的设计。最优化问题是研究在众多的方案中哪个方案最优及怎样找出最优方案。这类问题普遍存在，如工程设计中如何选择设计参数，使得设计方案既满足设计要求又能降低成本；资源分配中如何分配有限资源，使得分配方案既能满足各方面的基本要求，又能获得好的经济效益；生产计划安排中如何选择计划方案才能提高产值和利润；原料配比问题中如何确定各种成分的比例，才能提高质量、降低成本；军事指挥中怎样确定最佳作战方案，才能有效地消灭敌人，保存自己，有利于战争的胜利。在工程、技术、经济、管理和科学研究等众多领域中，最优化研究为这些问题的解决，提供理论基础和求解方法，具有广泛的理论价值和应用价值。

2.2 最优化理论

所谓最优化问题，就是指在满足一定的约束条件下，寻找一组参数值，以使某些最优性度量得到满足，即使系统的某些性能指标达到最大或最小。通常情况下，最优化问题是寻找最小值问题（寻找最大值问题可以转化为寻找最小值问题）。最优化问题根据其目标函数约束函数的性质及优化变量的取值等可以分为许多类型，每种类型的最优化问题根据其性质的不同有其特定的求解方法，最小化问题可定义为[93]

$$\min \quad \sigma = f(x)$$
$$\text{subject to} \quad X \in S = \left\{ X \middle| g_i(X) \leqslant 0, i = 1, \cdots, m \right\} \tag{2-1}$$

式中，$\sigma = f(x)$ 为目标函数，$g_i(X)$ 为约束函数，S 为约束域，X 为 n 维优化变量。通常 $g_i(X) \geqslant 0$ 的约束和等式约束可以转化为 $-g_i(X) \leqslant 0$ 的约束。

如果存在 $X_D^* \in D$，使得对于 $\forall X \in D$，有

$$f(X_D^*) \leqslant f(X), X \in D \tag{2-2}$$

成立，其中 $D \subset S \subseteq R^n$，$S$ 为由约束函数限定的搜索空间，则称 X_D^* 为 $f(X)$ 在 D 内的局部极小点，$f(X)$ 为局部极小值。

全局最优化问题通常可描述如下：令 S 为 R^n 上的有界子集（即变量的定义域），

$f:S \to R$ 为 n 维实值函数，所谓函数 f 在 S 域上全局最小化就是寻求点 $X_{\min} \in S$，使得 $f(X_{\min})$ 在 S 域上全局最小，即

$$\forall X \in S : f(X_{\min}) \leqslant f(X) \qquad (2\text{-}3)$$

2.2.1 单目标优化问题

一般来说，优化问题可以概括为在某个特定的区域内对一个或多个待优化目标进行最优化决策的问题。在一个可行解域 X 中寻找使目标函数 $F = (f_1, f_2, \cdots f_M)$ 取最小值的最优解或解集 x^*（最大化问题可通过对 F 求反等操作进行归一化）[94]：

$$\min \ F = (f_1(x), f_2(x), \cdots f_M(x))$$
$$\text{subject to} \quad x \in X \qquad (2\text{-}4)$$

式中，可行域 X 为 $D \geqslant 1$ 维空间中的一个区域。x^* 可以是一个或多个最优解。式（2-4）中 $M = 1$ 时为单目标优化问题。这里定义的连续空间中最优解的概念如下。

$$f(x^o) < f(x')$$
$$\text{subject to} \quad x' = x + \varepsilon \qquad (2\text{-}5)$$

式中，$|\varepsilon| > 0$，对于任意 $a > 0$，$\varepsilon < a$，则 x^o 称之为最优解（包括局部最优解和全局最优解）。

当所优化的问题在目标空间中仅存在一个最优解时，这种问题被称之为单峰问题。如果存在多个满足式最优解，则被称为多峰问题。在多峰问题上，优化算法常常会受困于局部最优而无法寻找到真正的全局最优解。

由于在工程应用方面的重要性，优化领域已经引起了数学家和计算领域的专家的广泛关注，并取得了一系列重要的研究成果，这主要体现在一批有效的优化算法的提出上。针对单目标优化求解问题，从广义上来说，这些优化算法可以分为两类：确定性（Deterministic）和随机性（Probabilistic）算法，如表 2-1 所示。确定性算法包括分支限界算法（Branch And Bound Algorithm），动态规划算法和 A*搜索等。此类的搜索技术已经相当成熟，并被成功应用于各种相对简单的小规模优化问题中。如果已有问题的必要先验知识（包括解空间的性质和问题最优解所在的大致位置），确定性算法可以很快地实现寻优。但是，当出现问题的规模上升到一定的程度或者遇到问题的复杂性较高的情况时，这些算法的搜索效率会急剧下降，并很快出现失效的情况。特别地，对于 NP 完全或者 NP 难题的解决上，确定性算法的应用非常有限。从另一个角度来说，对于这些在多项式时间内无法完成寻优的问题，确定性算法的失效是不可避免的。为了解决这些问题，研究者不得不求助于寻优能力更强的随机性算法。

近年来，随机优化已经成为了一个研究热点。随机搜索算法常常被认为是具有高级框架的实效优化算法。随机算法的初始工作可以追溯到 20 世纪中叶。此后，研究者们提出了一系列随机优化算法，重要的算法如下：进化算法（Evolutionary Algorithm）、禁忌搜索（Tabu Search）算法、模拟退火（Simulated Annealing）算法、基于群体智能（Swarm Intelligence）

算法等。

此前，对于随机优化算法的划分已经有了多种提法，其中已经被广泛接受的划分方法如下：灵感来源于自然的算法（Nature-inspired Algorithm）和非灵感来源于自然的算法（Non nature-inspired Algorithm）。分类判断的标准是该算法是否采取了自然界的某些规律。本书所探讨的重点是当前已经被广泛应用的 EA，属于灵感来源于自然算法的范畴。

表 2-1 优化算法分类及其主要特点

分类	算法	主要特点
确定性方法	分支限界算法 动态规划算法 A*搜索等	技术成熟 寻优速度快 先验只是要求多 难以解决 NP 难问题
概率性方法	进化算法 禁忌搜索算法 蚁群算法 微粒群智能算法 蝙蝠算法等	技术快速发展中 寻优速度相对较慢 先验知识要求不高 主要面向解决 NP 难问题

始于 20 世纪 90 年代研究的群体智能算法（Swarm Intelligent Algorithm）是进化算法的重要发展。其基本思想是模拟自然界生物群体行为来构造随机优化算法，群智能优化算法对函数性态要求较弱，寻优结果和初值无关，并具有一定的并行性，因而已成为学术界研究的一个热点。近年来，群智能算法为求解最优化问题提供了新的思路和方法，群智能算法作为一种基于种群的随机优化算法，其计算过程可描述如下。

（1）借助一定的问题信息或者随机生成一组初始化解，作为初始种群。

（2）对当前种群的个体进行评价。

（3）检验当前种群的个体是否满足进化结束条件，若满足，则算法终止，输出最优解和最优值。

（4）依据一定的规则从当前种群中选择个体，构成新的种群，开始下一代进化。

（5）对新的种群施加进化算子，产生子代个体，转到步骤（2）。

与传统的基于梯度的优化算法相比，群智能算法具有以下特点。

（1）群智能算法具有自组织、自适应和自学习能力，在确定了适应度函数和进化算子后，进化算法将利用进化过程中获得的信息自行组织搜索，使得适应度大的个体具有较高的生存概率。

（2）群智能算法不需要导数或其他辅助知识，只需要影响搜索方向的目标函数或相应的适应度函数即可。

（3）群智能算法具有本质并行性，即算法本身适合大规模并行；同时具有内含并行性，由于进化算法采用种群的方式组织搜索，因而可以同时搜索解空间内的多个区域，并进行相互交流。

（4）群智能算法是随机搜索算法，强调概率转换规则，而不是确定的转换规则，是一种全局优化算法。

（5）对一个给定的问题，进化算法可以同时产生多个潜在解，最终由使用者根据需要选择使用。

2.2.2 多目标优化问题

在实际工程应用中，并不是所有问题都只有一个优化目标，还存在着很多具有多个相互冲突目标的优化问题，这类问题称为多目标优化问题，又称为多标准优化问题。由于多目标优化问题中目标间的矛盾性，所能找到的解往往是一个折中的解集（帕雷托最优解集）。多目标优化问题的数学描述如下：一个具有 n 个决策变量，m 个目标变量的多目标优化问题可表述为[95]

$$\begin{cases} \min & y = F(x) = (f_1(x), f_2(x), \cdots, f_m(x))^T \\ \text{subject to} & g_i(x) \leqslant 0, i = 1, 2, \cdots, q \\ & h_j(x) = 0, j = 1, 2, \cdots, p \end{cases} \tag{2-6}$$

式中，$x = (x, \cdots, x_n) \in X \subset \mathbf{R}^n$ 为 n 维的决策矢量，X 为 n 维的决策空间，$y = (y_1, \cdots, y_m) \in Y \subset R^m$ 为 m 维的目标矢量，Y 为 m 维的目标空间。目标函数 $F(x)$ 定义了 m 个由决策空间向目标空间的映射函数；$g_i(x) \leqslant 0 (i = 1, 2, \cdots, q)$ 定义了 q 个不等式约束；$h_j(x) \leqslant 0 (j = 1, 2, \cdots, p)$ 定义了 p 个等式约束。在此基础上，给出以下几个重要的定义[95]。

定义 2.1 （可行解）：对于某个 $x \in X$，如果 x 满足约束条件 $g_i(x) \leqslant 0 (i = 1, 2, \cdots, q)$ 和 $h_j(x) \leqslant 0 (j = 1, 2, \cdots, p)$，则称 x 为可行解。

定义 2.2 （可行解集合）：由 X 中的所有可行解组成的集合称为可行解集合，记为 X_f，且 $X_f \subseteq X$。

定义 2.3 （帕雷托占优）：假设 $x_A, x_B \subseteq X_f$，并且是式（2-6）所示的多目标优化问题的两个可行解，则称与 x_B 相比，x_A 是帕雷托占优的，当且仅当 $\forall i = 1, 2, \cdots, m$，$f_i(x_A) \leqslant f_i(x_B) \wedge \exists j = 1, 2, \cdots, m$ 时，$f_j(x_A) \leqslant f_j(x_B)$，记作 $x_A \succ x_B$，也称 x_A 支配 x_B。

定义 2.4 （帕雷托最优解）：一个解 $x^* \in X_f$ 被称为帕雷托最优解（或非支配解），当且仅当满足条件 $\neg \exists x \in X_f : x \succ x^*$ 时成立。

定义 2.5 （帕雷托最优解集）：帕雷托最优解集是所有帕雷托最优解的集合，定义为

$$P^* = \left\{ x^* \big| \neg \exists x \in X_f : x \succ x^* \right\}$$

定义 2.6 （帕雷托前沿面）：帕雷托最优解集 P^* 中的所有帕雷托最优解对应的目标矢量组成的曲面称为帕雷托前沿面 PF^*，即

$$PF^* = \left\{ F(x^*) = [f_1(x^*), f_2(x^*), \cdots, f_m(x^*)]^T \big| x^* \in P^* \right\}$$

从上述定义中可以看到，多目标优化的目标不是找到单一个解，而是获得一个解集，

并能满足如下两个要求[96]：

（1）逼近性：解集在目标空间中与帕雷托最优前沿的距离尽可能小。

（2）分布性：解集在目标空间的分布性尽可能好，即其分布可以表示或近似表示帕雷托最优前沿的分布。

因此，多目标优化与单目标优化的主要区别体现在以下几点。

（1）优化目标的区别：多目标优化需要同时满足逼近性和分布性；单目标优化只需要满足逼近性即可。

（2）搜索空间的区别：多目标优化不仅需要考虑决策空间，还需要考虑目标空间；单目标优化只需考虑决策空间。

（3）人工限制的区别：现实世界中的优化问题往往具有多个目标，以前的研究者通过人工限制的方式将其转换为单目标优化问题，而多目标优化则可以不需要人工限制的介入。

多目标优化问题往往通过加权等方式转化为单目标问题，然后用数学规划的方法来求解，每次只能得到一种权值情况下的最优解。同时，由于多目标优化问题的目标函数和约束函数可能是非线性、不可微或不连续的，传统的数学规划方法往往效率较低，且它们对于权值或目标给定的次序较敏感。群智能算法通过在代与代之间维持由潜在解组成的种群来实现全局搜索，这种从种群到种群的方法对于搜索多目标优化问题的帕雷托最优解集是很有用的。早在 1985 年，Schaffer 就提出了矢量评价遗传算法（VEGA）[97]，被看做进化算法求解多目标优化问题的开创性工作。20 世纪 90 年代以后，各国学者相继提出了不同的进化多目标优化算法。1993 年，Fonseca 等提出了 MOGA [98]，Srinivas 等人提出了 NSGA[99]，Horn 等人提出了 NPGA [100]，这些算法习惯上被称为第一代进化多目标优化算法（Multi-Objective Evolutionary Algorithms，MOEAs）。第一代进化多目标优化算法的特点是采用了基于帕雷托等级的个体选择方法和基于适应度共享机制的种群多样性保持策略。从 1999 年到 2002 年，以精英保留机制为特征的第二代进化多目标优化算法相继被提出：1999 年，Zitzler 等人提出了 SPEA [101]，3 年之后，他们在适应度分配策略、个体分布性的评估方法及非支配集的调整 3 个方面做了改进，提出了 SPEA 的改进版本 SPEA2[102]；2000 年，Knowles 等人提出了 PAES [103]，很快又提出了改进的版本 PESA [104] 和 PESAII[105]；2001 年，Erichson 等人提出了 NPGA 的改进版本 NPGA2[106]；2002 年，Deb 等学者通过对 NSGA 进行改进，提出了非常经典的多目标算法 NSGA-II[107]。随后，一些新的进化机制也被引入进化多目标优化领域，如 Coello 等人基于微粒群优化提出的 MOPSO [108]，Gong 等人基于免疫算法提出的 NNIA [109]，Zhang 等人基于分布估计算法提出的 RM-MEDA [110]，Zhang 等将传统的数学规划方法与进化算法结合起来提出的 MOEAPD [111]，Bandyopadhyay 等人基于模拟退火算法提出的 AMOSA [112]。

2.3　合作协同演化理论

研究人员发现合作协同演化算法在大规模优化问题上具有较好的求解性能。近期，合作协同进化算法成为解决大规模优化问题的有效途径之一，同时逐渐成为进化算法领域的热点研究方向之一。合作协同进化算法的主要思想是"分而治之，合作求解"，即先将一个大规模优化问题分解成一些低维的、简单的、更易于求解的子优化问题，再对这些低维、简单的子优化问题求解，并在子问题求解中伴随着协同合作过程，从而最终达到求解原大规模优化问题的目的。值得一提的是，合作协同演化算法并不是专为大规模优化问题而提出的，由于早期所求解的优化问题维度较小，在众多进化算法中合作协同演化算法的性能优势并不十分突出，因此在没有被用于求解大规模优化问题之前，合作协同技术一直没有引起进化算法研究人员的足够重视，合作协同演化算法也没有得到快速发展。直到 Liu 等发现合作协同演化算法在求解大规模优化问题时表现出了超常的性能[113]，合作协同技术可以克服进化算法可扩展性不足的缺陷，合作协同演化算法的计算时间开销随着求解问题维度的增加呈线性增长。因而，合作协同演化算法开始受到进化算法领域研究人员的青睐，并逐渐成为求解大规模优化问题的有效途径之一。

合作协同演化算法采用分而治之的方法，通过将自变量分解到两个或多个子空间中，子空间之间通过协作来提高各自的性能，从而达到种群优化的目的。其求解问题主要分为以下 3 步。

（1）问题分解：将大规模问题分解成若干个小规模子问题。

（2）子问题求解：用一种特定的演化算法求解每一个子问题。

（3）子问题合并：合并各个子问题的解，构成原问题的解。

合作协同演化算法最早是由 Potter 等[19]结合 GA 算法提出的，即（Cooperative Coevolution Algorithm，CCGA）。随着 CCGA 的提出，对于合作协同演化算法的研究逐渐主要分为以下 3 类。

（1）对于合作协同演化算法结构的探究，包括问题分解、子空间的相关性、协同个体适应度值分配及群体多样性等。

（2）将合作协同演化算法结构和不同的演化算法或者算子相结合，得到更多的新的合作协同演化算法。

（3）运用合作协同演化算法解决不同类型的问题，包括数值优化、动态优化问题、对偶系统等。

合作协同演化算法包含多个合作关系的种群同时进化，种群中的任何一个个体只表示求解问题解的一个部分，求解问题的解是按照顺序将所有子种群的最终解连接而构成的。在 CCA 中，子种群中的任何一个个体只表示求解问题完整解的一个部分，与其他子种群中个体的合作能力通过个体的适应度来表现。为了求得某个种群个体的适应度值，首先该子种群将向个体发送领域模型，同时该模型从其他所有子种群中选择若干合作者来与该个体合作进化，这样就组成若干个完整解；最后该模型将所求得的最佳适应度值或者适应度平均值作为个体的适应度值发送给该子种群。在适应度计算过程中，可以随机从其他子种群选取合作者，也可以从其他子种群中选取最佳个体来与之合作。计算个体适应度的另一种方法是根据个体的模板来计算。

  CCA 作为一类高度抽象的算法模型，能够灵活建立实际求解问题的算法模型。CCA 的基本框架如图 2-1 所示[114]。图 2-1 给出了包含 3 个子种群的 CCA，通过使用某种或不同的进化算法对每个子种群中的个体进行相应的操作，各子种群之间相互联系、相互影响，并且每个子种群通过进化算法各自独立进化，最终实现求解问题的最优解。

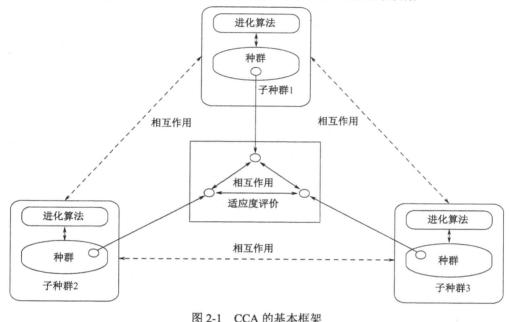

图 2-1　CCA 的基本框架

2.4　智能计算方法

2.4.1　微粒群优化算法

  微粒群算法作为进化计算的一个分支，是由 Eberhart 和 Kennedy 于 1995 年提出的一种全局搜索算法。它也是一种模拟自然界生物活动及群体智能的随机搜索算法。在 PSO 算法中，首先初始化一群随机粒子（随机解），然后通过迭代寻找最优解。在每一次迭代中，粒子通过跟踪两个极值来更新自己的速度和位置。第一个极值是粒子本身所找到的最优解，这个解称为个体极值；另一个极值是整个种群目前找到的最优解，这个极值是全局极值。另外，也可以不用整个种群，而只使用其中一部分作为粒子的邻居，那么在所有邻居中的极值就是局部极值。

微粒群算法类似于其他进化算法，也要根据对环境的适应度将种群中的个体移动到好的区域，在微粒群优化算法中，种群中的每个个体被看做 n 维搜索空间中的一个粒子，并在搜索空间中以一定的速度飞行。粒子的飞行速度基于个体的飞行经验和群体的飞行经验进行动态调整，每个粒子代表着一个潜在的解。假设在一个 D 维搜索空间中，包含 m 个粒子，每个粒子作为搜索空间中待优化问题的一个可行解，通过粒子之间的协作与竞争来寻找问题的最优解。m 也被称为群体规模，过大的 m 值会影响算法的运算速度和收敛性。在第 t 次迭代中，第 i 个粒子的对应的位置矢量表示为 $X_i(t)=\left(x_{i1}(t),x_{i2}(t),\cdots,x_{id}(t)\right)$，速度矢量表示为 $V_i(t)=\left(v_{i1}(t),v_{i2}(t),\cdots,v_{id}(t)\right)$。

在每次迭代中，通过跟踪个体最优 $\text{pbest}_i(t)=\left(\text{pbest}_{i1}(t),\text{pbest}_{i2}(t),\cdots,\text{pbest}_{id}(t)\right)$ 和全局最优 $\text{gbest}(t)=\left(\text{gbest}_1(t),\text{gbest}_2(t),\cdots,\text{gbest}_d(t)\right)$ 来控制粒子的运动。优化问题的过程可看做粒子不断更新的过程，粒子的速度和位置更新模型为

$$v_{id}(t+1)=v_{id}(t)+c_1\times r_1\times[\text{pbest}_{id}(t)-x_{id}(t)]+c_2\times r_2\times[\text{gbest}_d(t)-x_{id}(t)] \qquad (2\text{-}7)$$

$$x_{id}(t+1)=x_{id}(t)+v_{id}(t+1) \qquad (2\text{-}8)$$

其中，$i=1,2,\cdots,m$，$d=1,2,\cdots,D$，其中 c_1 和 c_2 分别为认知项系数和社会项系数，也称学习因子或加速常数，r_1 和 r_2 为[0，1]范围内的服从均匀分配的随机数。式（2-7）右侧由 3 部分组成，第一部分为"惯性"或"动量"部分，反映了粒子的运动"习惯"，代表粒子有维持自己先前速度的趋势；第二部分为"认知"部分，反映了粒子对自身历史经验的记忆，代表粒子有向自身历史最佳位置逼近的趋势；第三部分为"社会"部分，反映了粒子间协同合作与知识共享的群体历史经验，代表粒子有向群体或邻域历史最佳位置逼近的趋势。这 3 个部分之间的相互平衡和制约决定了算法的主要搜索性能。

为了改善基本微粒群算法的收敛性，Shi 和 Eberhart[115]在 1998 年的 IEEE 国际进化计算学术会议上发表了题为 "A Modified Particle Swarm Optimizer" 的论文，引入了惯性权重，大家默认这个改进的微粒群算法为标准微粒群算法。引入了惯性权重的速度更新公式为

$$v_{id}(t+1)=w\times v_{id}(t)+c_1\times r_1\times[\text{pbest}_{id}(t)-x_{id}(t)]+c_2\times r_2\times[\text{gbest}_d(t)-x_{id}(t)] \qquad (2\text{-}9)$$

粒子速度更新示意图如图 2-2 所示。

从式（2-9）可看出，基本微粒群算法是惯性权重 $w=1$ 的特殊情况。正是因为引入了惯性权重 w，使得微粒群算法性能得到了提高，为解决实际工程问题奠定了坚实的基础。

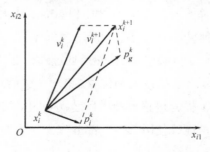

图 2-2 粒子速度更新示意图

如果去掉第一项，则相当于去掉动量项，在每次迭代中，粒子位置的更新只取决于全局极值和个体极值的位置，而与前一次迭代中的速度没有联系，从而速度没有表现出记忆性。考虑一种特殊情况，如果某个粒子 x_i 在某个时刻与全局极值 Gbest 重合，即 $x_i=best_i=best$，得知，粒子 x_i 将永远保持静止状态。

当 $c_1=0$ 时，相当于去掉认知项，只保留社会项和动量项，此时粒子失去了自我认识的能力，但是在动量项和社会项的共同作用下，算法仍然能够不断地向最优解所在区域前进，但缺点很容易看出，即这样甚至比标准微粒群优化算法收敛更快，更容易陷入局部极值。

当 $c_2=0$ 时，相当于去掉社会项，只保留认知项和动量项，此时粒子与粒子之间没有了信息交换与共享，任意两个粒子都是独立的，每个粒子仅仅根据自身在前一次迭代中的速度和自身的个体极值来更新自己的位置，相当于种群中每个粒子分别独自在解空间内运动，因此算法很难找到最优解。

由于微粒群优化算法缺乏相应的机制来避免速度过大，因此有必要对速度设置一个阈值，从而将速度限制在阈值范围内。这个阈值设为 V_{max}，这个参数如果设置过大则往往会使粒子错过最优解，而过小又会导致算法对解空间搜索不充分，并且收敛速度慢，因此，每个粒子的速度通常限制在区间 $[-V_{max}, V_{max}]$ 内。在标准的微粒群优化算法中，由于惯性权重的引入，最大速度 V_{max} 通常设置为粒子每一维变化范围的 1/10～1/5，而在原始微粒群优化算法中，通常直接设置为粒子每一维的变化范围[116]。有研究表明，在带压缩因子的微粒群优化算法中，最大速度的限制甚至都不再需要了，但是如果继续将最大速度设为粒子每一维的辩护范围，则有可能找到更好的解[117]。

基本微粒群算法的步骤如下。

Step1：初始化所有粒子的位置和速度，并且将个体的历史最优 Pbest 设为当前位置，而种群中最优的个体设为当前。

Step2：在每一代的进化中，计算各个粒子的函数适应度值。

Step3：如果该粒子当前的适应度函数值比其历史最优值好，那么历史最优将被当前位置取代。

Step4：如果该粒子的历史最优值比全局最优值好，那么全局最优值将会被该粒子的历史最优值取代。

Step5：对每个粒子的第 D 维的速度和位置分别按式（2-7）和式（2-8）进行更新。

Step6：如果没有达到结束条件，那么转到 Step2；否则输出 Gbest 并结束。

根据基本微粒群算法的原理，其流程如图 2-3 所示。

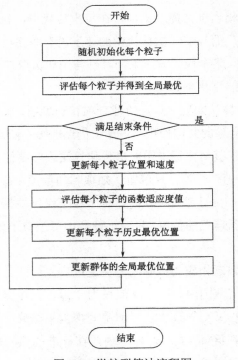

图 2-3　微粒群算法流程图

2.4.2　蜂群优化算法

　　人工蜂群算法是一种典型的受到蜜蜂采蜜行为启发的智能算法，它于 2005 年由 Karaboga[12]提出，主要解决无约束优化问题。人工蜂群的基本思想是模拟 3 种蜜蜂在食物源周围的运动行为，达到寻优的目的。

　　人工蜂群算法模拟实际蜜蜂采蜜机制处理函数优化问题，将人工蜂群分为 3 类：引领蜂、跟随蜂和侦察蜂。算法的基本思想是从某一随机产生的初始群体开始，在适应度值较优的一半个体周围搜索，采用一对一的竞争生存策略择优保留个体，该操作称为引领蜂搜索。然后利用轮盘赌选择方式选择较优个体，并在其周围进行贪婪搜索，产生另一半个体，这一过程称之为跟随蜂搜索。将引领蜂和跟随蜂产生个体组成新的种群，避免种群多样性丧失进行侦察蜂的类变异搜索，形成迭代种群。算法通过不断地迭代计算，保留优良个体，淘汰劣质个体，向全局最优解靠近。下面以求解非线性函数最小化问题为例，详细说明人工蜂群算法的具体操作过程。

　　将非线性函数最小值问题表示为 $\min f(X)$，$X^L \leqslant X \leqslant X^U$，$X^L$ 和 X^U 分别是变量 $X_i = (x_{i1}, x_{i2}, \cdots, x_{iD})$ 取值的上界和下界，D 为变量维数。利用 ABC 算法求解该非线性函数最小值问题时，首先在取值范围内生成包含 N 个个体的初始种群，每个个体对应可行解空间中的一个候选解。假设算法最大迭代次数为 G，则第 t 代种群中的第 i 个个体可表示为 $X_i(t) = (x_{i1}(t), x_{i2}(t), \cdots, x_{id}(t))$，$i = 1, 2, \cdots, N/2$。

　　以下对 ABC 算法中的关键步骤进行说明。

1. 种群初始化

设置初始进化代数 $t=0$，在优化问题的可行解空间内按式（2-10）随机产生满足约束条件的 NP 个个体 X，构成初始种群。

$$X_i(0) = X_i^L + \text{rand}() \times (X_i^U - X_i^L), i = 1, 2, \cdots, N \tag{2-10}$$

式中，X_i^0 表示第 0 代种群中的第 i 个个体；rand（）为[0，1]区间中的随机数。

2. 引领蜂搜索

种群中适应度值较小的一半个体构成引领蜂种群，另一半个体构成跟随蜂种群。对于当前第 t 代引领蜂种群中的一个目标个体 $x_i(t)$，随机选择个体 $r_1 \in [1, 2, \cdots, N/2]$（$i$ 和 r_1 的索引号不同）逐维进行交叉搜索，产生新个体 V，具体如式（2-11）所示。

$$V_j(t) = x_{ij}(t) + (-1 + 2 \times \text{rand}) \times (x_{ij}(t) - x_{r_1j}(t)) \tag{2-11}$$

和其他进化算法一样，ABC 算法采用达尔文进化论"优胜劣汰"的思想来择优保留个体，以保证算法不断向全局最优解进化。对新生成个体 V 和目标个体 $x_i(t)$ 进行适应度评价，再将二者的适应度值进行比较，按式（2-12）选择适应度值较优的个体进入引领蜂种群。

$$X_i(t+1) = \begin{cases} X_i(t), f(X_i(t)) \geqslant f(V) \\ V, f(V) < f(X_i(t)) \end{cases} \tag{2-12}$$

3. 跟随蜂搜索

跟随蜂根据概率公式（2-13）按照轮盘赌选择的方式在新的引领蜂种群中选择较优的目标个体 $X_k(t+1), k \in [1, \cdots, N/2]$，与随机选择的个体按式（2-10）进行搜索，产生新个体 $X_k(t+1), k \in [N/2+1, \cdots, N]$，形成跟随蜂种群。

$$\text{prob}_i = \frac{\text{Fitness}_i}{\sum\limits_{i=1}^{N/2} \text{Fitness}_i} \tag{2-13}$$

人工蜂群算法中跟随蜂种群的搜索方式是其区别于其他进化算法的关键，其本质上是择优选择个体进行贪婪搜索，是算法快速收敛的关键因素，但其搜索方式本身引入了某些随机性信息，不会过多地降低种群多样性。

4. 侦察蜂搜索

经过引领蜂种群和跟随蜂种群的搜索后结合形成与初始种群大小相同的新种群，为了避免随着种群进化，种群多样性丧失过多，人工蜂群算法模拟侦察蜂搜索潜在蜜源的生理行为，提出了特有的侦察蜂搜索方式。假设某一个体连续"limit"代不变，相应个体转换成侦察蜂，按式（2-12）搜索产生新个体，并与原个体按式（2-10）进行一对一比较，择优保留适应度值较优的个体。

通过以上引领蜂种群、跟随蜂种群及侦察蜂的搜索，使种群进化到下一代并反复循环，直到算法迭代次数 t 达到预定的最大迭代次数 G 或种群的最优解达到预定误差精度时结束算法。为进一步理解 ABC 算法的原理，图 2-4 给出了其操作流程图。

由图 2-4 可知，ABC 算法的主要步骤如下。

Step1：初始化相关参数，包括 NP、limit 和 G。

Step2：在决策变量可行空间内随机产生初始种群，设置进化代数 t=0。

Step3：计算种群中个体的适应度值。

Step4：由适应度值较优的一半个体构成引领蜂种群，另一半个体为跟随蜂种群。

Step5：引领蜂种群中个体搜索产生新个体，择优保留形成新的引领蜂种群。

Step6：跟随蜂按照轮盘赌选择方式在 Step 5 的种群中选择较优个体，搜索产生新个体，形成跟随蜂种群。

Step7：结合 Step 5 和 Step 6 中个体构成迭代种群。

Step8：判断是否发生侦察蜂行为，并更新迭代种群。

Step9：判断是否满足算法的终止条件，若满足则输出最优解，否则转至 Step3。

在 ABC 算法中，需设置的参数主要有种群数量 NP 和控制侦察蜂行为的参数"limit"，它们对算法的收敛速度和全局寻优能力有较大影响，一般根据反复试验获得的经验值来设置。文献[12]指出 limit 设置为 NP/2 与问题维数的乘积可取得较好结果。

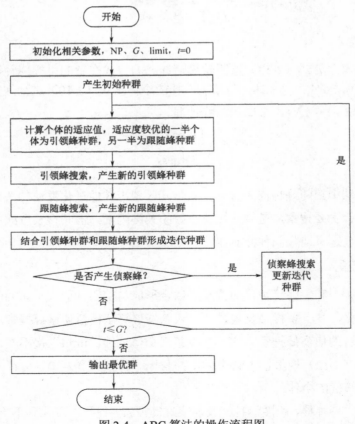

图 2-4　ABC 算法的操作流程图

2.5　小结

本章介绍了一些计算智能方法的理论基础，包括单目标优化理论、多目标优化理论、合作协同演化算法理论、微粒群算法基本原理、人工蜂群算法基本原理。对这些算法的介绍，为本书后续章节中提出的合作协同微粒群智能计算的研究奠定了基础。

第3章 基于自适应学习的并行协同微粒群算法及理论研究

3.1 引言

随着问题复杂性的增加，现有的微粒群优化模型已越来越难以满足实际问题的需要，目前绝大多数 PSO 算法研究从改进 PSO 算法的变异算子入手，以达到提升收敛速度、搜索精度和求解规模较大问题等某一方面性能的目的，但往往只能解决某一类复杂问题，因此 PSO 算法在处理多种不同类型问题时具有很强普适性的能力有待提高。自适应学习方法已经成为不少学者研究的热点问题，许多工作已经证实了自适应学习框架的引入有助于增强算法并应对多种不同复杂问题的能力。基于自适应学习机制，本章提出一种自适应学习的多策略并行微粒群优化（HLPSO）算法，再对 HLPSO 算法的收敛性、计算复杂度等进行理论分析与证明，并通过函数优化来验证 HLPSO 算法的优化性能。

3.2 基于自适应学习的并行 PSO 算法

由于不同形态问题的复杂程度不同，因此所采用的更新策略也应该不同，在此对以下几类不同的优化问题展开讨论[118]：① 对于单峰问题或极值点之间距离比较远的多峰问题而言，最好的学习策略就是让所有粒子学习邻近的最佳粒子，在此基础上进行更有效的深度搜索，这样能快速有效地找到全局最优解；② 对于类似 Rosenbrock 等病态优化问题，粒子处在一个非常平滑的斜坡上，最好的策略是让粒子学习自己的最优位置，因为这样比从一个远距离区域去搜索一个更好的位置要更容易得到全局最优解；③ 对于存在多个局部极值并均匀分布的问题，广泛学习邻居信息更有利于粒子探索更广阔的搜索空间从而实现全局寻优；④ 对于已经停滞在局部极值的粒子而言，唯一的选择就是应用扰动算子使它跳出局部最优解，当然，该操作也能帮助粒子探索更广阔的搜索空间。

基于以上分析，为了提高微粒群算法的普适性和实用性，HLPSO 基于并行协同策略，算法以快速收敛到全局最优值、探索新的前景区域、跳离局部极值、深度搜索到更优解为出发点，融合收敛速度、广度搜索、深度搜索、跳出局部极值 4 种策略，根据粒子适应度环境的复杂程度，通过自适应学习机制为粒子选择最适合当前环境的更新策略以完成寻优，达到因地制宜的效果。克服单一策略的 PSO 算法陷入局部极值点和收敛速度慢等缺点，保证算法具有较强的全局收敛能力和局部收敛能力，并加快算法的搜索速度和收敛精度，从而兼顾优化过程的精度和效率，提高了算法的优化性能。

3.2.1 并行协同演化策略

1. 快速收敛策略

文献[119]已经详细证明标准 PSO 算法可以没有粒子速度的概念。显然，仅由粒子位置控制进化过程，简化了分析和控制粒子的进化过程，能够极大地提高收敛速度和精度，避免了由粒子速度项引起的粒子发散而导致后期收敛变慢和精度低等问题。所以为了提高搜索速度而引入了该策略不含速度项的微粒群优化方程：

$$x_{id} = \omega x_{id} + c_1 \cdot \gamma_{1id} \cdot \left(\text{pbest}_{id} - \chi_{id} \right) + c_2 \cdot \gamma_{2id} \cdot \left(\text{gbest}_d - \chi_{id} \right) \quad (3\text{-}1)$$

2. 局部扰动策略

当算法处于进化停滞时，微粒群中的粒子都会出现早熟，从而"聚集"到某一位置，直至突破进化停滞局面，粒子才会"飞散"开。文献[120]通过严格的数学推导，得到式（3-2）：

$$\lim x(t)_{t \to +\infty} = p* = \frac{c_1 r_1}{c_1 r_1 + c_2 r_2} p_b + \frac{c_1 r_1}{c_1 r_1 + c_2 r_2} p_g \quad (3\text{-}2)$$

由式（3-2）可得出粒子将聚集到由自身极值 p_b 和群体全局极值 p_g 决定的极值之上，如果所有粒子在向 $p*$ 靠近过程中没有找到优于 p_g 的位置，则进化过程将处于停滞状态，粒子逐渐聚集到 $p*$。如果调整个体极值 p_b' 和全局极值为 p_g'，使所有粒子飞向新的位置 $p*$，那么经历新的搜索路径和领域，会发现更优解的概率比较大。该策略引进了进化停滞代数，增加极值扰动算子，对个体极值和全局极值同时进行随机扰动，从而使粒子快速跳出局部极值点。

$$v_{id} = \omega . v_{id} + c_1 \cdot \gamma_{1id} \cdot \left(r_3 . \text{pbest}_{id} - \chi_{id} \right) + c_2 \cdot \gamma_{2id} \cdot \left(r_4 . \text{gbest}_d - \chi_{id} \right) \quad (3\text{-}3)$$

式（3-4）中，s_p，t_p 分别表示个体极值进化停滞代数和需要扰动的停滞代数阈值；s_g，t_g 表示全局极值进化停滞代数和需要扰动的停滞代数阈值。

$$r_3(r_4) = \begin{cases} 1 & \text{else} \\ U(0,1) & \text{if } s_p > t_p (s_g > t_g) \end{cases} \quad (3\text{-}4)$$

3. 广度探索策略

文献[121]已经证明，让每个粒子都随机地向自身或其他粒子学习，并且其每一维向不同的粒子学习，粒子在更大的潜在空间飞行，有利于全局搜索。该学习策略能够极大地增强种群的多样性。

$$\upsilon_{id} = \omega \upsilon_{id} + c_1 \cdot \gamma_{id} \cdot \left(\text{pbest}_{\text{rand}(i)d} - \chi_{id} \right) \quad (3\text{-}5)$$

4．深度搜索策略

对于一些难求解的单峰问题，让粒子从自身最优位置进行学习，有利于粒子进一步探索更优的极值点。

$$\upsilon_{id} = \omega\upsilon_{id} + c_1 \cdot \gamma_{id} \cdot \left(\text{pbest}_{id} - \chi_{id} \right) \tag{3-6}$$

3.2.2 自适应学习机制

HLPSO 算法采用自适应学习机制动态调整每一种策略的执行概率，以增加算法的灵活性，从而有效地拓展 PSO 的适用范围。具体操作如下：首先，给每种策略分配一个统一的初始执行概率 P_k，初始化第 k 种策略的累加器 $C_k = 0$；其次，在每次迭代中，新生成的粒子将按照它们的适应度进行排序，并按照式（3-7）给每个粒子分配权重；最后，每一个粒子的权重将被累加到对应策略的累加器中。经过一定数量的代数 G 之后，以下的计算规则将被用以调整第 k 种策略的执行概率。

$$w_i = \frac{\log(p_s - i + 1)}{\log(1) + \log(2) + ... + \log(n)} \tag{3-7}$$

$$P_k = \frac{S_k}{G}\beta + (1-\beta)P_k + \varepsilon \tag{3-8}$$

$$P_k{'} = \frac{P_k}{\sum\limits_{k=1}^{4} P_k} \tag{3-9}$$

式中，P_k 是第 k 种策略每次更新后的概率，β 为学习系数，S_k 与 C_k 的比值是保证学习样本小于 1，ε 是每种策略的最小选择概率，保证每种策略都能被随机选中，式（3-9）对每种策略的执行概率进行归一化。

3.2.3 HLPSO 算法步骤

HLPSO 算法具有很强的全局搜索能力，快速收敛性、稳定性的优点，其算法步骤如下。

Step1：初始化微粒群。随机初始化粒子数为 n 的群体及对应的适应度，初始化各个粒子所对应的速度，初始化迭代计数器 G、粒子的局部最优位置 Pbest，和群体最佳位置 Gbest。

Step2：初始化自适应策略。初始化策略的执行概率 $P_k = \dfrac{1}{k}$，$k = 1, 2, \cdots, 4$，设置自适应学习周期为 $L = 10$，学习系数 $\beta = \dfrac{1}{5}$，$\varepsilon = 0.01$，按照式（3-9）设置各个粒子权重，并设置各个策略的累加器为 C_k 为 0，设置个体极值和全局极值需扰动的停滞代数阈值 $t_p = t_g = 5$。

Step3：迭代更新。对种群中所有的粒子执行如下操作。

Step4：通过随机轮盘赌策略选择出第 k 种策略来更新第 i 个粒子；如果选择快速收敛策略，则使用式（3-1）更新粒子速度；如果选择局部扰动策略，则使用式（3-3）和式（3-4）更新粒子速度；如果选择广度探索策略，则使用式（3-5）更新粒子的位置；如果选择深度搜索策略，则使用式（3-6）更新粒子速度和位置。

Step5：计算粒子的位置。

Step6：计算粒子的适应度值，分别更新粒子的局部最优位置和群体最佳位置。注意，这里对于速度越界的粒子适应度值不进行更新；

Step7：根据式（3-7）计算各种策略中各个粒子的权重，并累加到对应的策略累加器 C_k 中。

Step8：判断迭代次数是否能整除自适应学习周期，若是，则使用式（3-8）和式（3-9）更新 4 种策略选择概率；若否，则转向 Step9。

Step9：判断是否满足算法终止条件，若满足，则执行 Step3；否则，迭代次数 $t = t+1$，自适应评价次数 G，转向 Step4。

Step10：输出最优解位置及对应的适应度值，算法运行结束。

3.2.4 HLPSO 算法实现

根据 HLPSO 算法思想、模型及步骤，HLPSO 算法的伪代码如图 3-1 所示，自适应学习机制伪代码如图 3-2 所示。

```
输入：
 n（种群规模）
 G（种群最大迭代次数）
 Pk（策略被选中概率）
 L（自适应学习周期）
 tp、tg 个体极值和全局极值需扰动的停滞代数阈值
 输出：全局最优解
Begin
 初始化，确定算法各参数的初始值、每个粒子的速度矢量及位置矢量
do loop
  for each swarm
    for each particle
        计算每个个体的适应度，分配每个粒子的个体最优、局部最优、全局最优
        使用随机轮盘赌选择一种合适策略；
        自适应策略选择机制算法；
        为每个粒子更新对应的 4 种策略权值及策略被选择概率；
      If 迭代次数是否整除自适应学习周期
         更新策略选择概率；
      Else
         Goto loop
      End if
    End for
  End for
End loop

End Begin
%自适应策略选择机制算法
%策略选择，更新位移速度
%选择快速收敛策略
  If  k=（1）  then
      x_{id} = \omega x_{id} + c_1 \cdot \gamma_{1id} \cdot (pbest_{id} - \chi_{id}) + c_2 \cdot \gamma_{2id} \cdot (gbest_d - \chi_{id}) ;
      C_k = C_k + 1 ;
```

图 3-2　自适应学习机制伪代码

```
    %选择局部扰动策略
       If   k=（2）   then
          v_{id} = ω.v_{id} + c_1 · γ_{1id} · (r_3 · pbest_{id} − χ_{id}) + c_2 · γ_{2id} · (r_4 · gbest_d − χ_{id}) ;
          x_{id}(t+1) = x_{id}(t) + v_{id}(t+1) ;
          C_k = C_k + 1 ;
    %选择深度探索策略
       If   k=（3）   then
          υ_{id} = ωυ_{id} + c_1 · γ_{id} · (pbest_{id} − χ_{id})
          x_{id}(t+1) = x_{id}(t) + v_{id}(t+1)
          C_k = C_k + 1
    %选择广度开发策略
       If   k=（4）   then
          υ_{id} = ωυ_{id} + c_1 · γ_{id} · (pbest_{rand(i)d} − χ_{id}) ;
          x_{id}(t+1) = x_{id}(t) + v_{id}(t+1) ;
          C_k = C_k + 1 ;
       End
    %判断粒子速度、位移是否越界
       If   X_{min} < x < X_{max}  and  V_{min} < v < V_{max}
          f(x) = f(x_i)
       End
    %局部最优更新
       If   f(x_i) < f(pbest_i)
          pbest_i == x_i
       End if
    %全局最优更新
       If   f(x_i) < f(gbest_i)
          gbest_i == x_i
       End if
```

图 3-2　自适应学习机制伪代码（续）

3.3　自适应学习的并行 PSO 算法理论基础

针对构建的 HLPSO 算法，根据 HLPSO 算法理论基础，定性分析 HLPSO 算法的收敛性，定量分析 HLPSO 算法的计算复杂度。

3.3.1　HLPSO 算法收敛性分析

HLPSO 算法在自适应学习机制的微调下，每个粒子在不同阶段根据需要选择适合自身的策略来完成寻优，那么分析 HLPSO 的收敛性时必须对每一种收敛策略进行分析才能得到该算法的收敛性。

定理 3.1：若快速收敛策略的平均行为根据其期望值进行观察，当 $0 < \omega < \dfrac{c_1 + c_2}{2}$ 时，该策略收敛于 $\dfrac{c_1 p_0 + c_2 p_g}{c_1 + c_2 - 2w}$。

证明：基本微粒群的速度位移更新公式如下。

$$v_{id}(t+1) = wv_{id}(t) + c_1 \times r_1 \times (\mathrm{pbest}_{id}(t) - x_{id}(t)) + c_2 \times r_2 \times (\mathrm{gbest}_d(t) - x_{id}(t)) \qquad (3\text{-}10)$$

$$x_{id}(t+1) = x_{id}(t) + v_{id}(t+1) \qquad (3\text{-}11)$$

由式（3-10）与式（3-11）组成联合进化方程，去掉 PSO 进化方程的粒子速度项而使原来的二阶微分方程简化为一阶微分方程，令

$$\varphi_1 = r_1 \times c_1 ;$$

$$\varphi_2 = r_2 \times c_2 ;$$

$$\varphi = \varphi_1 + \varphi_2 ;$$

$$\rho = \frac{\varphi_1 \times \mathrm{pbest} + \varphi_2 \times \mathrm{gbest}}{\varphi_1 + \varphi_2} ;$$

将式（3-10）与式（3-11）联立可得到

$$v(t+1) = \omega v(t) + \varphi(\rho - x(t)) \qquad (3\text{-}12)$$

$$x(t+1) = x(t) + v(t+1) \qquad (3\text{-}13)$$

将式（3-12）和式（3-13）迭代可以得到式（3-14）：

$$x(t+2) + (\phi - w - 1) \times x(t+1) + w \times x(t) = \varphi\rho \qquad (3\text{-}14)$$

根据以上符号定义，式（3-1）可以变形为一阶微分方程

$$x(t+1) + (\varphi - w)x(t) = \varphi\rho \qquad (3\text{-}15)$$

式（3-15）的微分方程的解为 $x(t) = Ce^{(w-\rho)t} - \dfrac{\varphi\rho}{w - \rho}$。

要使 $\lim\limits_{t \to \infty} x(t)$ 收敛，则 $\lim\limits_{t \to \infty} \left| \dfrac{x(t+1)}{x(t)} \right| < 1$，解得 $0 < \omega < \varphi$，式（3-15）收敛于 $\lim\limits_{t \to \infty} x(t) = \dfrac{\phi\rho}{\phi - \omega}$。

由于 r_1 和 r_2 服从均匀分布，所以快速收敛策略的平均行为可通过其期望值进行观察，即

$$E(c_1 r_1) = c_1 \int_0^1 \frac{x}{1-0} \mathrm{d}x = \frac{c_1}{2} \qquad (3\text{-}16)$$

$$E(c_2 r_2) = c_2 \int_0^1 \frac{x}{1-0} \mathrm{d}x = \frac{c_2}{2} \qquad (3\text{-}17)$$

$$\lim_{t \to \infty} x(t) = p*' = \frac{\varphi\rho}{\varphi - \omega} = \frac{c_1 r_1 p* + c_1 r_2 gb}{c_1 r_1 + c_2 r_2 - w} = \frac{c_1 p* + c_2 g_b}{c_1 + c_2 - 2w} \qquad (3\text{-}18)$$

因此，当 $0 < \omega < \varphi = c_1 r_1 + c_2 r_2 = \dfrac{c_1 + c_2}{2}$ 时，快速收敛策略算法收敛于 $\dfrac{c_1 p* + c_2 g_b}{c_1 r_1 + c_2 r_2 - 2w}$。

Van Den Berghf[122]对随机优化算法提出了其全局收敛必须满足的条件，首先定义以下两个假设。

假设 3.1：若 $f[D(z, \varepsilon)] \leqslant f(z), \varepsilon \in S$，则

$$f[D(z,\varepsilon)] \leqslant f(\varepsilon) \tag{3-19}$$

式中，D 为产生问题解的函数，ε 为从概率空间 (R_n, B, U_k) 产生的随机矢量，f 为目标函数，S 为 R_n 的子集，表示问题的约束空间，U_k 为 B 上的概率度量，B 为子集的 σ 域。

假设 3.2：若对 S 的 Borel 子集 A，有 $V(A) > 0$，则 $\prod\limits_{k=0}^{\infty}(1 - U_k(A)) = 0$，其中 $V(A)$ 为子集 A 的 n 维闭包，$U_k(A)$ 为测度 U_k 产生的概率。

定理 3.2：设 f 为一个可测函数，S 为 R_n 的一个可测集，$\{Z_k\}_{k=1}^{+\infty}$ 为随机算法动态方程产生的解序列，当满足假设 3.1 和假设 3.2 时，该策略保证以概率 1 收敛于全局最优解，即 $\lim\limits_{k \to +\infty} p[Z_k \in R_\varepsilon] = 1$。

其中，R_ε 为全局最优点集合，$p[Z_k \in R_\varepsilon]$ 是第 k 代生成解 $Z_k \in R_\varepsilon$ 的概率。

下面将通过验证干扰策略是否满足假设 3.1 和假设 3.2 来证明该算法的收敛性。根据局部扰动策略的位置更新公式，有

$$X(t+1) = X(t) + wV(t) - X(t)(c_3\varphi_1 + c_4\varphi_2) + \varphi_1 p_b + \varphi_2 g_b \tag{3-20}$$

其中，$\varphi_1 = c_1 r_1$，$\varphi_2 = c_2 r_2$，整理得：

$$X(t+1) = X(t) + (1 + w - c_3\varphi_1 - c_4\varphi_2) - wX(t-1) + \varphi_1 P_b + \varphi_2 P_g \tag{3-21}$$

算法运行到第 k 代时，第 i 个粒子的样本空间支撑集 $C_{i,k}$ 为

$$C_{i,k} = (1 + w - c_3\varphi_1 - c_4\varphi_2)X_{i,j,k} - wX_{i,j,k-2} + \varphi_1 P_b + \varphi_2 g_b \tag{3-22}$$

化简得：

$$C_{i,k} = X_{i,j,k-1} + w(c_3 X_{i,j,k-1} - c_4 X_{i,j,k-1}) - \varphi_1(p_b - c_3 X_{i,j,k-1}) + \varphi_2(P_g - c_4 X_{i,j,k-1}) \tag{3-23}$$

其中，$0 \leqslant \varphi_1 \leqslant c_1, 0 \leqslant \varphi_2 \leqslant c_2; 0 \leqslant c_3 \leqslant 1, 0 \leqslant c_4 \leqslant 1$；$X_{i,j,k-1}$ 代表第 i 个粒子进化到第 k 代时第 j 维分量的长度，当

$$\max(c_1|p_b - c_3 x_{i,j,k}|, c_2|p_g - c_3 x_{i,j,k}|) < 0.5 \times d_j(S) \tag{3-24}$$

时，则有 $V[C_{i,j} \cap S] < V(s)$，$d_j(S)$ 为子集的长度。

由此可得，随着每次迭代的进行，搜索空间在逐渐减少，满足假设 3.1。该策略在搜索停滞时通过停滞干扰系数、扰动局部极值、全局极值与分散粒子，使粒子搜索空间非零，满足假设 3.2。综上所述，局部扰动策略满足两个假设，能够有效地以概率 1 收敛于全局最优解。同理，可以证明广度搜索策略及深度开发策略。

3.3.2　HLPSO 算法复杂度分析

本部分针对本书提出的 HLPSO 算法与传统 PSO 算法的平均计算时间复杂度进行理论分析和比较。根据以上对基本 PSO 算法及 HLPSO 算法的描述，对于基本的 PSO 算法，假设粒子的数量为 n，迭代总次数为 G，编码空间的维度（即求解问题的维数）为 D，PSO 算法进行优化所需要的总运行时间为 $O(D \times N)$，自适应策略运行时要对每个粒子的适应度

值进行排序，因此，算法一次迭代时间复杂度为

$$T = O(D \times N) + O(D \times N^2) \tag{3-25}$$

$$T = O(N^2) \tag{3-26}$$

HLPSO 算法迭代 G 次，总时间复杂度为

$$T_{总} = G \times T \tag{3-27}$$

由上述分析可知，HLPSO 算法以较少的算法复杂度为代价换取精度的大幅提高是值得的，符合算法改进的基本原则。

3.4 HLPSO 在函数优化中的应用

3.4.1 测试函数

为了说明本算法的有效性，本实验中选用了几个经典的 Benchmark 函数，其中 f_1 和 f_2 为单峰函数，$f_3 \sim f_7$ 为多峰函数，表 3-1 给出了 7 个测试函数的名称、最优解、最优质搜索空间和初始值。将本书提出的 HLPSO 算法与文献[121]中的 TSPSO，文献[123]中的 CLPSO，文献[50]中的 FIPS3 种算法进行实验比较，各算法的参数设置如表 3-2 所示。仿真中算法用 MATLAB 7.0 编程工具实现，所有算法针对每个函数独立运算 30 次，每个函数测试维数为 30 维，种群大小为 40，最大迭代次数为 5000，得到优化结果平均值、方差作为算法的衡量标准，测试结果如表 3-3 所示。图 3-3 是以上几种算法优化 7 个 Benchmark 测试函数的性能比较，图中横轴表示迭代总次数，纵轴表示每次迭代得到的全局最优值取对数后的值。

表 3-1 测试函数的名称、最优解、最优值、搜索空间和初始值

函数名称	最优解	最优值	搜索空间	初始值
$f_1(x)$：Sphere	[0，0，…，0]	0	[-100，100]	[-100，50]
$f_2(x)$：Rosenbrock	[1，1，…，1]	0	[-2.048，2.048]	[-2.048，2.048]
$f_3(x)$：Ackley	[0，0，…，0]	0	[-32.768，32.768]	[-32.768，16]
$f_4(x)$：Griewank	[0，0，…，0]	0	[-600，600]	[-600，200]
$f_5(x)$：Rastrigrin	[0，0，…，0]	0	[-5.12，5.12]	[-5.12，2]
$f_6(x)$：Noncontiguous Restringing	[0，0，…，0]	0	[-5.12，5.12]	[-5.12，2]
$f_7(x)$：Weierstrass	[0，0，…，0]	0	[-0.5，0.5]	[-0.5，0.2]

表 3-2　各个算法参数设置

算法	参数设置
FIPS	$w = 0.7298$ ，　$c_1 = c_2 = 2$
CLPSO	$w = [0.4, 0.9]$ ，　$c_1 = c_2 = 2$
TSPSO	$w = 0.8$ ，　$c_1 = c_1 = 2$
HLPSO	$w = 0.9 - t \times 0.7/G$ ，t 为当前迭代次数，G 为迭代总次数

表 3-3　30 维 Benchmark 函数 HLPSO 和其他 PSO 效率实验结果比较

f	HLPSO	CLPSO	FIPS	TSPSO
	Mean （Std Dev）	Mean （Std Dev）	Mean （Std Dev）	Mean （Std Dev）
f_1	6.03E-307（0.00E+000）	5.15E-019（2.77E-010）	2.78E-012（5.87E-013）	3.22E-012（1.79E-012）
f_2	2.46E-002（1.35E-001）	1.46E+001（3.62E+000）	2.46E+001（2.19e-001）	2.46E+001（3.22E-001）
f_3	7.85E-016（0.00E+000）	3.55E-010（1.00E-010）	4.81E-007（9.17E-008）	4.66E-004（1.43E-007）
f_4	0.00E+000（0.00E+000）	7.16E-012（1.59E-011）	1.16E-006（1.87E-006）	1.87E-005（6.39E-005）
f_5	0.00E+000（1.00E+000）	3.26E-009（2.84E-009）	7.43E+001（1.24E+001）	7.48E+000（1.37E+000）
f_6	0.00E+000（1.00E+000）	5.98E-009（6.78E-009）	6.08E+001（8.35E+000）	6.89E+001（1.26E+001）
f_7	0.00E+000（1.00E+000）	4.36E-012（2.02E-012）	1.14E-001（1.48E-001）	2.18E-001（2.95E-001）

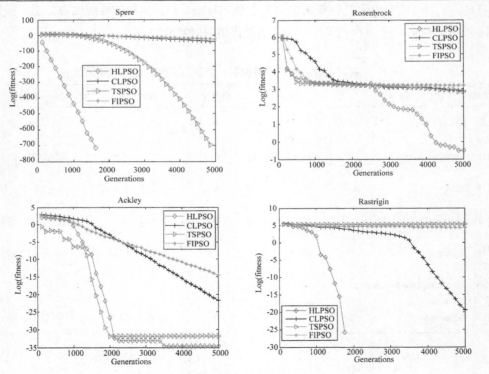

图 3-3　几种不同算法的优化函数收敛图

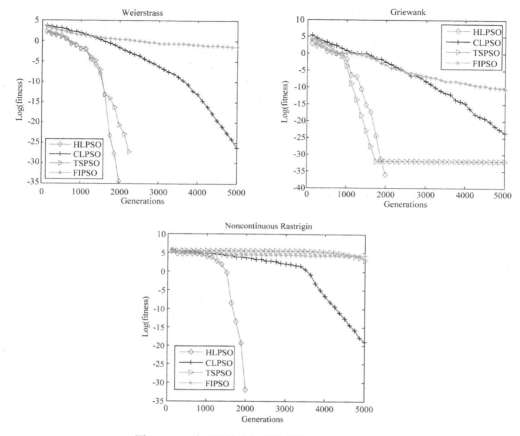

图 3-3　几种不同算法的优化函数收敛图（续）

3.4.2　均值方差对比

由表 3-3 数据对比可以看出，在大部分标准测试函数中，无论是解的质量还是算法的收敛精度和稳定性，在这 4 种算法中 HLPSO 算法在单峰函数和多峰函数上都取得了最好的优化结果。

从图 3-3 可以看出，在单峰问题上，HLPSO 和 TSPSO 在精度方面都具有良好的表现，这两种算法都引入了扰动策略，但 HLPSO 在收敛速度上优于 TSPSO。这是因为 HLPSO 经过短暂的迭代自适应调整可以同时获得深度和广度信息。CLPSO 对复杂的多峰问题非常有效，由于其多样性保持机制过于强壮，导致 CLPSO 在单峰优化问题上的寻优效率较低。值得注意的是，在公认的非常难解决的函数 Ronsenbrock 上，HLPSO 可以经过一段时间的进化后顺利找到位于非常狭长峰谷的全局最优，而其余 PSO 优化算法则在离全局最优较远的地方停止搜索。这有力地验证了深度搜索速度更新机制在 HLPSO 算法中发挥的作用能够满足其设计期望。

对于难以优化的高维函数，尤其是有多个局部极小点的多峰值函数，其他算法寻优时很容易陷入局部极值。粒子一旦陷入局部最优，则很难从局部最优跳出，因此难以取得理想的效果。HLPSO 算法通过自适应调整策略增强了种群多样性，使得粒子更容易跳出局部极值，在更广泛的搜索范围内进一步寻找更好的解，从而获得比其他算法更好的优化效果。这些结果都表明，HLPSO 算法具有很好的跳出局部最优和快速收敛到最优解的能力，无论在单峰还是多峰函数上都表现得非常优秀，因此可以得出 HLPSO 具有很好的自适应性的结论。

3.4.3 双侧 T-检验

在这组对比实验中产生了大量实验数据，为分析对比算法的性能带来了许多困难，所以采用双侧 T-检验方法对所得实验数据进行统计分析和量化，以便较客观地评价 HLPSO 算法与对比算法之间的性能差异程度。采用 T-检验方法对 HLPSO 与几种变异 PSO 算法的差异显著性进行检验的结果如表 3-4 所示。设显著性水平 $\alpha = 0.05$，因为每个测试重复执行 30 次，所以自由度 $d_f = 29$，查表可得 $t_{0.05}(29) = 2.045$。

$$t = \frac{\bar{d}}{S_{\bar{d}}} \qquad (3\text{-}28)$$

式中，$\bar{d}$ 为配对检验数据差数平均值，$S_{\bar{d}}$ 为差数平均的标准差，t 值计算结果如表 3-4 所示。当 $|t| < t_{0.05}(29)$ 时，认为 HLPSO 算法与相应变异 PSO 算法无显著差异，记为 0；否则认为差异显著，记为 1。最后一行数值是 7 个标准测试函数中优化结果有显著差异的函数个数。由表 3-4 可见，与 CLPSO、TSPSO、FIPSO 相比，HLPSO 算法对大多数测试函数的优化性能差异显著。

表 3-4　用 T-检验方法对 HLPSO 与几种变异 PSO 算法进行差异显著性检验

	f_1	f_2	f_3	f_4	f_5	f_6	f_7	显著差异个数
TSPSO	-1.559	-3.231	-6.704	-14.046	-23.530	-7.903	-1.406	5
CLPSO	10.903	0.737	-9.445	0.728	5.956	0.620	-1.935	3
FIPSO	-1.484	-12.135	-16.48	-1.517	-8.826	-7.912	-1.071	4

3.5　小结

本章针对目前很多 PSO 算法鲁棒性和普适性不强等问题，提出了一种基于混合策略自适应学习的并行微粒群优化算法即 HLPSO。为了平衡算法的探索和开发能力，HLPSO 引入了 4 种并行变异策略在自适应学习机制的引导下完成寻优，并定性分析了 HLPSO 算法的收敛性，定量分析了 HLPSO 算法的计算复杂度，通过对单峰函数及多峰函数的优化，仿真实验结果表明 HLPSO 算法，显著提高了 PSO 算法的性能，在优化效率、优化性能和鲁棒性方面均有较大的改善，且具有较强的普适性。

第4章 基于多阶段协同微粒群智能优化算法

4.1 引言

自适应协同微粒群算法在求解极其复杂和搜索空间多变性的大规模优化问题方面取得了一定的效果,但仅依靠单一进化算法的空间探索能力,往往很难有效利用与平衡算法效率及精度的整体优化性能。为此,一些学者将两种或者两种以上不同优化机制的智能算法结合起来,建立混合智能优化算法框架,在框架下尽可能发挥每个智能算法自身的优势。本章将协同演化模式和多阶段进化思想引入到 PSO 算法和 ABC 算法中,利用它们各自的优点,实现优势互补和信息增值,提出一种多阶段协同群智能优化算法(Dynamic Multistage Hybrid Swarm Intelligence Optimization Algorithm,DMPSOABC),并通过优化国际标准测试函数及柔性作业车间调度实际管理应用问题验证了 DMPSOABC 算法的可行性和有效性。

4.2 多阶段协同微粒群智能优化算法

4.2.1 DMPSOABC 算法思想

虽然 CEA 较传统的方法具有潜在的优越性,运用预先定义的适应度函数体现了生态系统中的竞争与协作,但其理论和机理研究的滞后使得在模拟生命协同演化现象上也存在着一些不足之处,生命系统中真正的适应性应该是局部的,竞争协作与适者生存是个体在与环境作生存斗争时自然形成的并随着环境变化而变化的。目前协同演化研究在单一算法内部体现了种群之间的竞争与合作关系,这种混合策略也可以上升到算法和过程层面上来,根据优化问题的不同性质选择不同类型的 CEA 和协同演化策略来进行问题的求解,这样更能体现进化的协同性和自适应性。随着各种大规模优化问题的日趋复杂,混合智能优化算法在解决一个复杂系统的优化问题上更具优势,但如何反映进化的多样性、进化的协同性、自适应性和自组织过程有助于进一步了解进化计算的机理。

基于以下考虑,PSO 算法随着粒子不断追踪全局最优点而使粒子表现出极强的趋同性,算法具有速度快、收敛稳定、记忆力强等优点,但存在局部搜索精度不高、搜索能力较差、易陷入局部最优等缺点。该求解过程的实质是粒子多样性逐渐丧失的过程，如果降低微粒群的趋同性将会影响 PSO 算法的收敛速度。而 ABC 具有求解复杂问题的全局最优、极强的稳健性和整体优化性，但存在对于大规模或超大规模的多变量求解任务性能较差的特点。所以把协同演化模式引入到 PSO 算法和 ABC 算法的有机交叉与深度融合中，提出了一种多阶段协同演化，即 DMPSOABC 算法，可以充分利用它们各自的优点，实现优势互补和信息增值，以增强算法的全局寻优能力。算法将整个过程分为如下 3 个阶段。

第一阶段是粗搜索。种群被分为多个小种群，种群内的粒子通过自身的经验及邻域信息搜索到局部最优，同时充分利用局部种群 PSO 的随机性、并行性，动态邻域结构能增强种群多样性的特点，每隔一定周期更新子种群的邻域结构，如图 4-1 所示，经过一定的迭代次数得到问题的次优解，用来调整第二阶段 ABC 算法的种群初始分布。

第二阶段是细搜索。将第一阶段各粒子的自身最优值看做一个大种群，一半个体初始化为引领蜂种群，一半初始化为跟随蜂种群，经过并行协同演化后形成迭代种群，最后采用侦察蜂迭代寻优，充分利用 ABC 算法的并行性、正反馈性、高精度求解等特性，为第一阶段的次优解进行深度寻优。

第三阶段利用 PSO 全局版本的快速性、全局性，完成整个问题的求解。

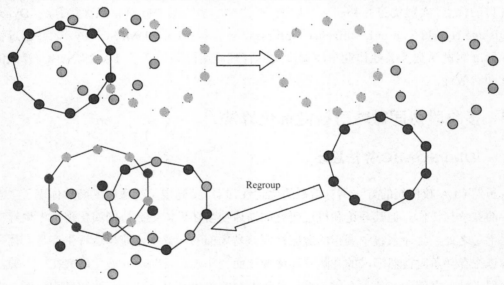

图 4-1　DMPSOABC 动态种群结构

4.2.2　DMPSOABC 算法模型

这里结合 DMPSO 算法和 ABC 算法各自的优势，提出一种基于 DMPSO 算法和 ABC 算法的 DMPSOABC 算法，该算法流程图如图 4-2 所示。

DMPSOABC 算法是多种模式、机制和算法多阶段的协同演化，具有如下特点。

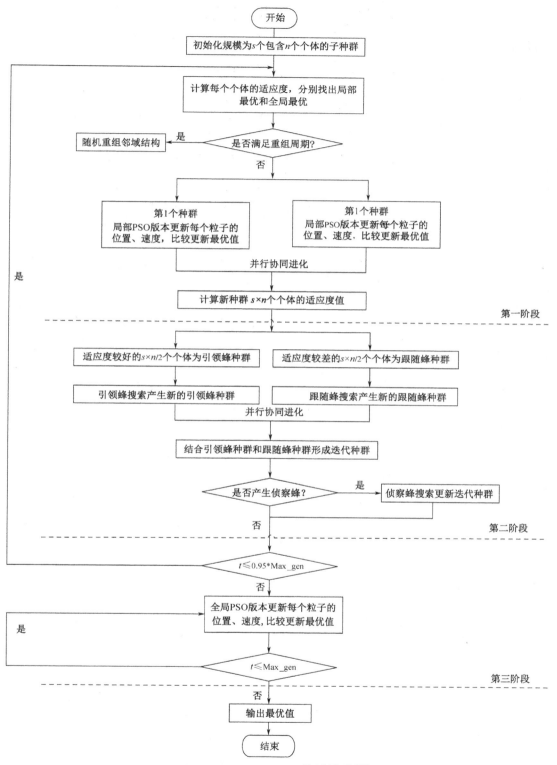

图4-2 DMPSOABC 算法流程图

（1）DMPSOABC 算法融入多阶段进化思想，并将协同演化思想融入到 ABC 算法和 PSO 算法的混合中，这样 DMPSOABC 算法搜索行为变成群体协同演化行为。

（2）DMPSOABC 算法通过利用 ABC 算法和 PSO 算法特性来有效控制。DMPSOABC 算法充分利用了 ABC 算法和 PSO 算法的优点，扬长避短，众采博长，优势互补，这样有利于实现算法在全局大范围内的最优搜索，提高算法收敛速度和局部搜索能力，从而使算法在解空间具有较高的收敛效率和全局探索能力。

（3）保持了种群的多样性。在 DMPSOABC 算法中，采用了 PSO 算法的变异算子，以及 ABC 算法的社会协作、自我适应、竞争等算子，这些不同类型、功能各异的算子提供了产生多样化的子代个体，为有效增加种群的多样性起着重要的作用。

4.2.3　DMPSOABC 算法描述

在 DMPSOABC 算法中，通过集成 PSO 算法和 ABC 算法的优势来实现问题的求解。DMPSOABC 算法描述如下。

Step1：初始化。根据种群个体的维数、搜索点及速率等约束，将种群分为多个子种群，随机初始化种群个体，确定算法各参数的初始值，初始化每个粒子的速度矢量、位置矢量，计算适应度值，分别找出局部最优和个体最优，这些个体必须是可行的候选解，满足操作约束。

Step2：重组种群邻域拓扑结构。判断迭代次数是否整除拓扑结构重组周期，若是，则重组种群内的子种群，这样在一定周期内改变了每个粒子的邻居粒子，有利于增强种群多样性。

Step3：应用动态种群局部版本 PSO 算法进行粗搜索得到次优解。评价函数用来评价种群中每个个体的适应度。根据求解的实际优化问题来选择适应的评价函数，并更新粒子的速度、位置、个体最优、邻居最优。

Step4：用协作 ABC 算法对 DMPSO 所得到的最优解进行细搜索。由适应度值较优的一半个体构成引领蜂种群，另一半个体组成跟随蜂种群。

Step5：引领蜂种群中个体搜索产生新个体，择优保留形成新的引领蜂种群。

Step6：跟随蜂按照轮盘赌选择方式在 Step5 的种群中选择较优个体，搜索产生新个体，形成跟随蜂种群。

Step7：结合 Step 5 和 Step 6 中的个体构成迭代种群。

Step8：判断是否发生侦察蜂行为，并更新迭代种群。

Step9：判断是否满足算法的终止条件，若满足，则输出最优解，否则转至 Step 2。

Step10：使用全局 PSO 更新粒子的位置、速度、个体最优及全局最优。

Step11：输出全局最优值，算法结束。

4.2.4 DMPSOABC 算法实现

为了说明 DMPSOABC 算法的具体实现过程，使用如图 4-3 所示的伪代码来说明算法的操作过程。

```
输入：S（子种群个数），n（每个子种群规模大小）
    L（拓扑结构重组周期），G（种群最大迭代次数）
输出：最优解
Begin
  初始化，确定算法各参数的初始值，每个粒子的速度矢量、位置矢量
    For each swarm
      计算每个个体的适应度，分配每个粒子的个体最优、局部最优、全局最优
%第一阶段使用动态种群局部 PSO 算法进行粗搜索
    While 迭代次数<0.95*G   do
      更新微粒速度及位置
      计算所对应的适应度值
更新微粒所对应的个体最优及局部最优
        If   mod（当前迭代次数，L）==0        %判断是否更新小种群拓扑结构
          以环形拓扑结构重组小种群
        End
%第二阶段使用协作 ABC 算法进行细搜索
      由适应度值较优的一半个体构成引领蜂种群，另一半个体为跟随蜂种群
      引领蜂搜索；跟随蜂搜索；侦察蜂搜索
    End While
%第三阶段使用全局 PSO 算法进行快速搜索
    While 迭代次数<0.05*G   do
      For i=0.95*G:G
          使用全局 PSO 更新粒子的位置、速度、pbestG 及 gbestG
      Endfor
    End While
Endfor
  计算比较所有得到的可行解
  输出找到的最优解
End
```

图 4-3 DMPSOABC 算法伪代码

4.3 DMPSOABC 算法时间复杂度分析

由 DMPSOABC 算法的执行步骤可知，DMPSOABC 算法的计算复杂度主要由种群个体适应度计算和算法的计算量决定。DMPSOABC 算法中假设子群体个数为 s，每个子种群规模大小为 n，最大迭代次数为 G，编码空间的维度（即求解问题的维数）为 D，总种群规模为

$$N = s \times n \tag{4-1}$$

如 4.2.3 小节中对算法模型的描述，DMPSOABC 算法执行过程中，初始化种群的时间复杂度为 $O(D \times N)$，第一阶段局部版本的 PSO 时间复杂度为 $O(D \times N)$，第二阶段协同 ABC 算法的时间复杂度为 $O(D \times N)$ 及全局版本 PSO $O(D \times N)$，在局部版本的 PSO 中每隔一定周期 L 子种群邻域进行动态重组，时间复杂度为 $O(D \times N)$。

$$T = O(D \times N) + O(D \times N) + O(D \times N) + O(D \times N) \tag{4-2}$$

$$T = O(N) \tag{4-3}$$

综上所述，DMPSOABC 算法迭代 G 代的计算时间复杂度为

$$
\begin{aligned}
T_{\text{总}} &= G \times T \\
&= \sum_{t=1}^{0.95 \times G} (T_{pso} + T_{abc}) + \sum_{i=1}^{0.05 \times G} T_{pso} + \sum_{t=1}^{(0.95 \times G)/L} T_{\text{dynamic}} \\
&= \sum_{t=1}^{0.95 \times G} (O(D \times N) + O(D \times N)) + \sum_{i=1}^{0.05 \times G} O(D \times N)) + \sum_{t=1}^{(0.95 \times G)/L} (O(D \times N))
\end{aligned} \tag{4-4}
$$

从计算结果可以看出，求解问题本身的复杂程度对算法的计算复杂度有较大的影响，此外，种群规模的大小也对复杂度有较大影响。

4.4 DMPSOABC 算法在函数优化中的应用

4.4.1 测试函数

采用 16 个国际上通用基准函数测试用例，其中包括 2 个单峰函数、6 个非旋转的多峰函数和 6 个旋转的复合函数[124]来验证 DMPSOABC 的有效性和优越性。分别对所有问题的 10 维和 30 维进行了测试，测试函数如表 4-1 所示。

表 4-1 测试函数

Function name	Expression	Search Range	Optimization Value
Sphere	$f_1 = \sum_{i=1}^{D} x_i^2$	[-100, 100]	Min (f_1) =f_1 (0, 0, ..., 0) =0

Function name	Expression	Search Range	Optimization Value
Rosenbrock	$f_2 = \sum_{i=1}^{D}\left[100\left(x_{i+1}-x_i^2\right)+\left(x_i-1\right)^2\right]$	[-2.048, 2.048]	Min (f_2) =f_2（1, 1, …, 1）=0
Ackley	$f_3(x) = -20\exp\left(-0.2\sqrt{\dfrac{1}{D}\sum_{i=1}^{D}x_i^2}\right)-$ $p\left(\dfrac{1}{D}\sum_{i=1}^{D}\cos\left(2\pi x_i\right)\right)+20+\mathrm{e}$	[-32.768, 32.768]	Min (f_3) =f_3（0, 0, …, 0）=0
Griewank	$f_4(x) = \dfrac{1}{400}\sum_{i=1}^{n}\left(x_i-100\right)^2 - \prod_{i=1}^{n}\cos\left[\left(x_i-100\sqrt{i}\right)+1\right]$	[-600, 600]	Min (f_4) =f_4（0, 0, …, 0）=0
Rastrigin	$f_5(x) = \sum_{i-1}^{D}\left[x_i^2-10\cos(2\pi x_i)+10\right]$	[-5.12, 5.12]	Min (f_5) =f_5（0, 0, …, 0）=0
Noncontinuous Rastrigin	$f_6(x) = \sum_{i=1}^{D}\left[y_i^2-10\cos(2\pi y_i)+10\right]$ $y_i = \begin{cases} x_i & \|x_i\|<\dfrac{1}{2} \\ \dfrac{\mathrm{round}(2x_i)}{2} & \|x_i\|>=\dfrac{1}{2} \end{cases}$ for $i=1,2,...,D$	[-5.12, 5.12]	Min (f_6) =f_6（0, 0, …, 0）=0
Schwefel's	$f_7(x) = 418.9829\cdot D-\sum_{i=1}^{D}xi\cdot\sin(\|xi\|^{\frac{1}{2}})$	[-500, 500]	Min (f_7) =f_7（420.96, 420.96, .., 420.96）=0
Weierstrass	$f_8(x) = \sum_{i=1}^{D}\left\{\sum_{k=0}^{k\max}\left[a^k\cos\left(2\pi b^k\left(x_i+0.5\right)\right)\right]\right\}-$ $D\sum_{k=0}^{k\max}\left[a^k\cos(2\pi b^k\cdot 0.5)\right], a=0.5, b=3, k_{\max}=20$	[-0.5, 0.5]	Min (f_8) =f_8（0, 0, …, 0）=0
Rotated Ackley	$f_9(x) = -20\exp\left(-0.2\sqrt{\dfrac{1}{D}\sum_{i=1}^{D}x_i^2}\right)-p$ $\left(\dfrac{1}{D}\sum_{i=1}^{D}\cos\left(2\pi x_i\right)\right)+20+\mathrm{e}, y=M\cdot x$	[-2.768, 32.768]	Min (f_9) =f_9（0, 0, …, 0）=0

Function name	Expression	Search Range	Optimization Value
Rotated Griewank	$f_{10}(x)=\dfrac{1}{400}\sum_{i=1}^{n}(x_i-100)^2-$ $\prod_{i=1}^{n}\cos\left[(x_i-100\sqrt{i})+1\right],y=M\cdot x$	[-600, 600]	Min $(f_{10})=f_{10}$ $(0,0,...,0)=0$
Rotated Rastrigin	$f_{11}(x)=\sum_{i=1}^{D}\left[x_i^2-10\cos(2\pi x_i)+10\right]$ $y=M\cdot x$	[-5.12, 5.12]	Min $(f_{11})=f_{11}(0,$ $0,...,0)=0$
Rotated noncontinuous Restrigin	$f_{12}(x)=\sum_{i=1}^{D}\left[y_i^2-10\cos(2\pi y_i)+10\right]$ $y_i=\begin{cases}x_i & \|x_i\|<\dfrac{1}{2}\\ \dfrac{round(2x_i)}{2} & \|x_i\|>=\dfrac{1}{2}\end{cases}$ for $i=1,2,...,D,y=M\cdot x$	[-5.12, 5.12]	Min $(f_{12})=f_{12}$ $(0,0,...,0)=0$
Rotated Schwefel's	$f_{13}(x)=418.9829\cdot D-\sum_{i=1}^{D}yi$ $y_i=\begin{cases}x_i\sin(\|xi\|^{\frac{1}{2}}) & \text{if }\|xi\|\leqslant500\\ 0.001(\|xi\|-500)^2 & \text{if }\|xi\|>500\end{cases}$ for $i=1,2,...,D,x=x'+420.96,\ x'=M\cdot(z-420.96)$	[-500, 500]	Min $(f_{13})=f_{13}$ $(420.96,$ $420.96,..,$ $420.96)=0$
Rotated Weierstrass	$f_{14}(x)=\sum_{i=1}^{D}\left\{\sum_{k=0}^{k_{\max}}\left[a^k\cos\left(2\pi b^k(x_i+0.5)\right)\right]\right\}$ $-D\sum_{k=0}^{k\max}\left[a^k\cos(2\pi b^k\times0.5)\right]$ $a=0.5,\ b=3,\ k_{\max}=20,\ y=M\cdot x$	[-0.5, 0.5]	Min $(f_{14})=f_{14}$ $(0,0,...,0)=0$
Hybrid Composition function1（CF1）	$f_{15}(x)$：Marked as f16 (x) in the CEC2005 bench mark problem set[24] and is composed of ten sphere functions.	[-500, 500]	Min（CF1）=0
Hybrid Composition function2（CF2）	$f_{16}(x)$：Marked as f16 (x) in the CEC2005 bench mark problem set[24] and is composed of two rotated.Rastrigin's functions，two rotated Weierstrass functions，two rotated Griewank's functions，two rotated Ackley's functions，and two sphere functions.	[-500, 500]	Min（CF2）=0

4.4.2　实验目的

验证 DMPSOABC 算法在函数优化问题中的优化能力。

4.4.3　实验环境

实验运行环境如下。

（1）实验平台：Windows XP。

（2）编程语言：MATLAB。

（3）CPU：2.52 GHz。

4.4.4 参数设置

为了测试 DMPSOABC 算法的有效性和优越性，选择目前较新的 DMS-PSO[124]、ABC[12]、FIPS[80]、CLPSO[123]算法进行实验比较。在比较 DMS-PSO、ABC、FIPS、CLPSO 算法优化函数的性能时，需要使迭代次数及种群规模相同，即 N=100，G=2000，在 DMPSOABC 中，参数设置如下：w=0.729，c_1=c_2=1.49445，拓扑结构重组周期 L=5。

1．子种群个数 S

为了增强种群的多样性和收敛性，DMPSOABC 的第一阶段中采用的是多种群动态拓扑结构的局部 PSO 算法，选用 10 维的 f_1～f_{11} 来测试选取不同的 S 值时对算法的影响，从收敛精度可以得出，S 过大（S=15），导致陷入局部最优解，并且多样性缺失；S 过小（S=3）时，会对粒子飞行造成扰动，造成最优解收敛性不足。从表 4-2 中可以看出，S 值取 10 时所表现出来的收敛精度均优于 S 取 3、5、8 和 15 时。

表 4-2　子种群个数对算法的影响

Function \ S	3	5	8	10	15
f_1	1.22E-078	2.33E-086	1.78E-093	1.23E-094	1.19E-098
f_2	2.15E-001	3.28 E-001	2.35 E+000	7.77 E-002	2.11E+000
f_3	4.49E-015	8.88E-016	4.44E-015	8.88E-016	4.44E-015
f_4	0	0	0	0	0
f_5	0	0	0	0	0
f_6	0	0	0	0	0
f_9	4.44E-015	4.44E-015	8.88E-016	4.44E-015	4.44E-015
f_{10}	9.86E-003	6.96E-010	2.22E-007	1.84E-016	9.92E-003
f_{11}	2.98 E+000	2.98 E+000	1.99 E+000	1.01 E+000	2.98 E+000

2．重组周期 L

在 DMPSOABC 中采用了环形的拓扑结构，每隔一定的迭代周期，对整个种群重新划分，这样有利于增强解的多样性，依然对 9 个函数进行了实验，迭代周期分别选了 3、5、8、10、15，10 个函数得到的解的精度如表 4-3 所示，可看出 L=5 时能在函数优化方面取得最好的解。

表 4-3　重组周期对算法的影响

Function \ L	3	5	8	10	15
f_1	1.06E-088	4.59E-094	2.01E-093	1.23E-093	1.00E-094
f_2	3.45 E+000	2.43 E-002	3.31E-001	7.77E-002	2.19 E+000

Function \ L	3	5	8	10	15
f_3	4.44E-015	8.88E-016	4.44E-015	8.88E-016	8.88E-016
f_4	0	0	0	0	0
f_5	0	0	0	0	0
f_6	0	0	0	0	0
f_9	4.44E-015	8.88E-016	4.44E-015	4.44E-015	4.44E-015
f_{10}	5.16E-005	4.88E-010	7.39 E-003	1.82E-007	9.93E-003
f_{11}	1.99 E+000	2.98 E+000	1.98 E+000	1.48 E+000	1.99 E+000

4.4.5 实验结果

1. 均值方差比较

对于 16 个测试函数, 使用 DMSPSOABC、DMSPSO、FIPS、CLPSO 及 ABC 5 种算法分别独立运行 30 次。10 维函数的各算法迭代次数设置为 2000, 30 维的设置为 5000。表 4-4 给出了 5 种算法分别对 16 个函数 10 维进行优化后的均值方差, 最优值已用黑色标记, 从表中可以看出, 对于单峰问题, DMPSOABC 具备很强的跳出局部搜索能力, 从收敛图上可以看出 DMPSOABC 比其他优化算法收敛速度快; 对于多峰问题, 如 f_4, 对于其他算法而言, 很容易陷入局部最优, 而 DMPSOABC 能有效避免陷入局部最优, 从而获得更好的优化结果, 对于函数 f_5、f_6、f_7、f_8, DMPSOABC 与 CLPSO 表现差不多; 而在旋转函数以及复合函数上, DMPSOABC 的搜索能力、搜索精度及收敛速度均优于其他算法。

表 4-5 是对 30 维函数测试的结果, 从均值和方差上可看出, DMPSOABC 比其他算法有能力搜索到更加精确的最优值, DMPSOABC 拥有明显的优势。在 f_1、f_2、f_3、f_5、f_6、f_7、f_{10}、f_{12}、f_{15}、f_{16} 测试中, DMPSOABC 性能远远好于其他算法, 特别是 f_5、f_6、f_7 函数的优化 DMPSOAB 算法相当优秀, 在很少的迭代中就能寻找到最优解。总体来说 DMPSOABC 比 DMPSO、ABC、CLPSO、FIPS 具有更高的精度和成功率, 且运行时间更短, 尤其与 ABC、CLPSO、FIPS 算法比较, 其计算代价明显降低。这说明基于动态种群的 DMPSO 和局部搜索策略的 DMPSO 比单一算法具有更广阔的搜索空间, 并快速寻找到函数的最优解。

图 4-4 显示了测试函数 30 维的中值收敛曲线, 可以看出 f_3、f_4、f_5、f_6、f_7、f_8、f_{10} 函数 DMPSOABC 收敛速度要快, 且求解精度更好。f_9 函数 DMPSOABC 的收敛速度和最终精度与 DMSPSO 和 ABC 相当, f_{14} 函数 DMPSOABC 的收敛速度和最终精度与 FIPSO 相当。DMPSOABC 在复合函数 f_{15}、f_{16} 函数上具有很强的跳出局部最优解的能力, 总体看 DMPSOABC 非常适合做高维实数函数优化, 性能比其他 4 种智能算法收敛速度和精度都要好。

表 4-4　10 维的 Benchmark 函数测试结果

Function \ Algorithm	f_1	f_2	f_3	f_4
DMPSOABC	7.98E-102 （4.37E-102）	2.60E-002（1.43E-001）	1.48E-016（1.48E-016）	0.00E+000（0.00E+000）
DMS-PSO	5.69E-100（3.24E-100）	1.49E+000（1.32E+00）	8.95E-14（4.26E-014）	1.64E-003（3.56E-002）
ABC	4.45E-017（1.13E-017）	4.63E+001（1.56E+01）	7.81E-004 （1.83E-004）	8.37E-004（1.38E-003）
CLPSO	5.15E-029（2.16E-028）	2.46E+000（1.70E+00）	4.32E-014（2.55E-014）	4.56E-011（4.81E-011）
FIPS	3.15E-030（4.56E-030）	2.78E+000（2.26E-001）	3.75E-015（2.13E-014）	1.31E-001（9.32E-002）

Function \ Algorithm	f_5	f_6	f_7	f_8
DMPSOABC	0.00E+000（0.00E+000）	0.00E+000（0.00E+000	0.00E+000（0.00E+000	0.00E+000（0.00E+000）
DMS-PSO	0.00E+000（0.00E+000）	0.00E+000（0.00E+000）	1.73E+002（5.64E+002）	0.00E+000（0.00E+000）
ABC	4.36E+001（1.44E+001）	2.19E+000（3.42E+000）	1.26E+002（3.36E+002）	3.56E-003（6.41E-003）
CLPSO	0.00E+000（0.00E+000）	0.00E+000（0.00E+000）	0.00E+000（0.00E+000）	0.00E+000（0.00E+000）
FIPS	7.51E+001（3.05E+001）	4.35E+000（2.80E+000）	7.10E+001（1.50E+002）	2.02E-003（6.40E-003）

Function \ Algorithm	f_9	f_{10}	f_{11}	f_{12}
DMPSOABC	1.48E-16（8.11E-016）	4.82E-08（2.64E-007）	3.40E-002（1.8 E-001）	6.6 7E-001（0.36 +000）
DMS-PSO	3.31E-015（1.21E-015）	1.99E-002（5.84E-002）	3.23E+000（2.84E+000）	4.32E+000（3.41E+000）
ABC	2.44E-014（1.06E-014）	2.19E-001（4.84E-001）	5.14E+001（6.43E+001）	7.12E+002（3.24E+002）
CLPSO	3.56E-005（1.57E-004）	4.50E-002（3.08E-002）	5.79E+000（2.88E+000）	5.44E+000（1.39E+000）
FIPS	2.25E-015（1.54E-015）	1.7E-001（1.26E-001）	1.20E-001（6.22E+000）	8.84E+000（3.27E+000）

Function \ Algorithm	f_{13}	f_{14}	f_{15}	f_{16}
DMPSOABC	1.58E+000（8.64 E+000）	0.00E+000（0.00E+000）	3.07E+000（5.16E+000）	8.04E-001（4.26E-001）
DMS-PSO	3.66E+002（1.31E+002）	0.00E+000（0.00E+000）	1.33E+001（2.01E+001）	1.64E+001（3.14E+001）
ABC	1.23E+003（2.13E+003）	1.07E-003（8.61E-003）	1.04E+003（2.93E+003）	1.48E+002（2.93E+002）
CLPSO	1.14E+002（1.28E+002）	3.72E-010（4.40E-010）	1.64E+001（2.93E+001）	1.98E+001（2.93E+001）
FIPS	2.89E+002（2.00E+002）	5.93E-014（1.86E-013）	6.00E+001（5.16E+001）	4.21E+001（6.37E+001）

表 4-5　30 维的 BENCHMARK 函数测试结果

Function / Algorithm	f_1	f_2	f_3	f_4
DMPSOABC	1.10E-74（6.04E-074）	7.01E-001（3.86-E001）	1.48E-016（8.11E-016）	0.00E+000（0.00E+000）
DMS-PSO	1.26E-066（2.14E-066）	1.98E+001（1.23E+001）	6.51E-014（8.26E-014）	0.00E+000（0.00E+000
ABC	7.57E-004（2.48E-004）	9.63E+000（1.76E+000）	7.81E-004 （1.83E-004）	8.37E-004（1.38E-003）
CLPSO	6.25E-019（2.77E-010）	1.76E+001（3.62E+000）	3.54E-010（1.00E-010）	4.56E-010（4.81E-010）
FIPS	2.18E-012（5.87E-013）	2.41E+001（2.19e-001）	4.81E-007（9.17E-008）	1.16E-006（1.87E-006）

Function / Algorithm	f_5	f_6	f_7	f_8
DMPSOABC	0.00E+000（0.00E+000）	0.00E+000（0.00E+000）	0.00E+000（0.00E+000）	0.00E+000（0.00E+000）
DMS-PSO	1.40E+001（2.03E+001）	1.87E+001（2.03E+001）	1.72E+002（0.00E+003）	0.00E+000（0.00E+000）
ABC	4.66E+000（3.44E+000）	8.19E+001（3.42E+002）	1.26 E+003（2.36E+003）	1.06E-002（2.40E-003）
CLPSO	3.74E-009（2.84E-009）	5.96E-009（6.78E-009）	1.27E-012（8.79E-013 ）	4.34E-012（2.02E-012）
FIPS	7.30E+001（1.24E+001）	6.08E+000（8.35E+000）	1.18E-001（8.35E-001）	1.14E-001（1.48E-001）

Function / Algorithm	f_9	f_{10}	f_{11}	f_{12}
DMPSOABC	1.99 E-016（1.21E-016）	0.00E+000（0.00E+000）	6.30 E-001（1.44E+000）	5.97 E-001（3.11E+000）
DMS-PSO	4.85E-015（1.21E-015）	2.31E-002（4.84E-002）	2.81E+001（2.84E+001）	3.20E+001（2.41E+001）
ABC	3.14E-017（1.06E-017）	4.11E+000（4.84E+001）	3.18E+002（6.23E+001）	5.12E+002（7.44E+002）
CLPSO	3.56E-005（1.57E-004）	4.50E-002（3.08E-002）	5.79E+000（2.88E+000）	5.44E+000（1.39E+000）
FIPS	2.25E-015（1.54E-015）	1.7E-001（1.26E-001）	1.20E-001（6.22E+000）	8.84E+000（3.27E+000）

Function / Algorithm	f_{13}	f_{14}	f_{15}	f_{16}
DMPSOABC	6.66e+001（3.65E+002 ）	1.08E-013（1.47E-013）	1.08E+000（4.13E+000）	6.26E+000（4.92E+000）
DMS-PSO	3.21E+003（1.31E+003）	1.11E-002（2.31E-002）	1.33E+001（1.01E+001）	1.93E+001（2.04E+001）
ABC	3.01E+003（3.31E+003）	1.01E-002（2.31E-002）	2.04E+002（2.93E+002）	1.63E+002（2.61E+002）
CLPSO	1.14E+002（1.28E+002）	3.72E-010（4.40E-010）	1.64E+001（2.93E+001）	5.06E+001（2.93E+001）
FIPS	2.89E+002（2.00E+002）	5.93E-014（1.86E-013）	6.00E+001（5.16E+001）	4.21E+001（6.37E+001）

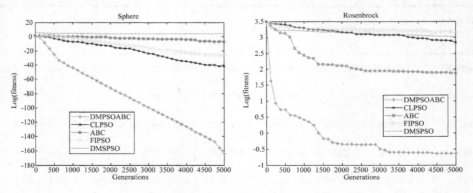

图 4-4　30 维测试函数中值收敛图

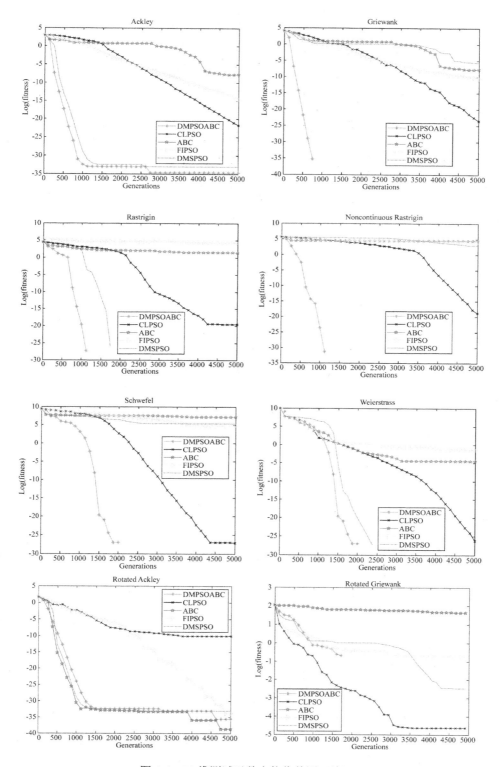

图 4-4 30 维测试函数中值收敛图（续）

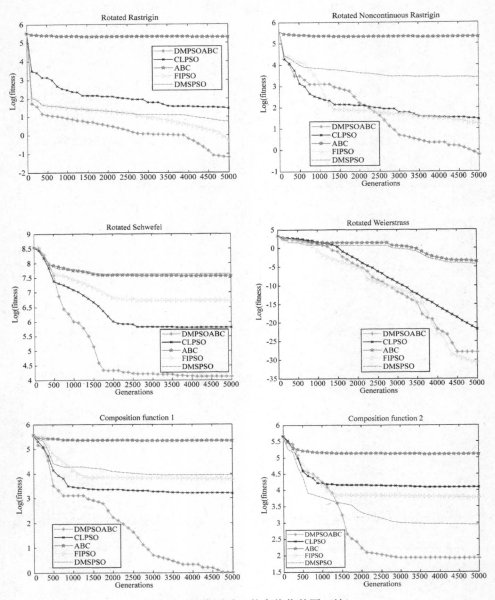

图4-4　30维测试函数中值收敛图（续）

2. 差异显著性检验

为了客观地评价 DMPSOABC 算法与对比算法之间的性能差异程度，采用双侧 T-检验方法对所得实验数据进行统计分析和量化，设显著性水平 α =0.05，HLPSO 与几种变异 PSO 算法的差异显著性检验结果如表 4-6 所示。因为每个测试重复执行 30 次，自由度 d_f=29，查表可得 $t_{0.05}$（29）=2.045。

$$t = \frac{\overline{d}}{S_{\overline{d}}} \tag{4-5}$$

式中，$\overline{d}$ 为配对检验数据差数的平均值，$S_{\overline{d}}$ 为差数平均的标准差，t 值计算结果如表 4-10 所示。当 $|t| > t_{0.05}$（29）时，认为 HLPSO 算法与相应变异 PSO 算法有显著差异，标记"+"；否则认为差异显著，标记"-"。由表 4-8 可见，在函数 f_1、f_5、f_6、f_7、f_{10}、f_{12}、f_{13}、f_{14} 上，DMPSOABC 明显优于 DMSPSO；在 f_1、f_3、f_4、f_5、f_6、f_7、f_8、f_{10}、f_{14}、f_{11}、f_{12}、f_{13}、f_{14}、f_{15}、f_{16} 上，DMPSOABC 明显优于 ABC；在 f_1、f_4、f_9、f_{10} 上，DMPSOABC 明显优于 CLPSO；在 f_1、f_4、f_5、f_6、f_7、f_8、f_{10}、f_{15}、f_{16} 上 DMPSOABC 明显优于 FIPS，HLPSO 算法对大多数测试函数的优化性能差异显著。

表 4-10　双侧 T-检验结果

$f(x)$ / Algorithm	f_1	f_2	f_3	f_4	f_5	f_6	f_7	f_8
DMSPSO	5.559（+）	1.231（-）	1.046（-）	1.235（-）	23.530（+）	7.903（+）	8.406（+）	0.642（-）
ABC	7.484（+）	2.035（-）	2.517（+）	3.017（+）	8.826（+）	7.912（+）	11.071（+）	5.463（+）
CLPSO	2.903（+）	0.737（-）	1.445（-）	2.932（+）	1.956（-）	1.620（-）	1.935（-）	1.679（-）
FIPS	4.032（+）	1.94（-）	1.874（-）	4.728（+）	3.476（+）	6.946（+）	4.632（+）	3.336（+）

$f(x)$ / Algorithm	f_9	f_{10}	f_{11}	f_{12}	f_{13}	f_{14}	f_{15}	f_{16}
DMSPSO	0.521（-）	5.034（+）	2.152（-）	2.634（+）	3.445（+）	3.078（+）	1.563（-）	1.643（-）
ABC	1.624（-）	9.525（+）	2.845（+）	2.967（+）	2.907（+）	3.864（+）	2.086（+）	2.069（+）
CLPSO	3.743（+）	4.974（+）	2.004（-）	1.735（-）	1.764（-）	1.863（-）	1.964（-）	1.896（-）
FIPS	0.864（-）	7.452（+）	0.042（-）	1.466（-）	1.644（-）	0.975（-）	2.097（+）	2.184（+）

4.5　基于多阶段协同的柔性作业车间智能调度

4.5.1　柔性作业车间调度问题数学模型

柔性作业车间调度问题描述如下[190]：n 个工件在 m 台设备上加工。m 个工件的编号用 i 来表示，$i=1$，2，...，n，每个工件 i 包含 j 道工序，用 O_{ij} 表示工件 i 第 j 道工序。M 台机器的编号用 M_k 来表示，$k=1$，2，...，m，对每道工序 O_{ij} 都至少有 1 台设备可完成它的加工。定义 P_{ijk} 为设备分配矩阵，当 $P_{ijk}=1$ 时，表示工件 i 的第 j 道工序在设备 M_k 上加工，否则 $P_{ijk}=0$。定义 T_{ijk} 为加工时间矩阵，当设备 M_k 不能加工此工序时，则定义 $T_{ijk=\infty}$。矩阵 S 代表工件的开工时间矩阵，其中 S_{ij} 为工件 i 的第 j 道工序的开工时间。矩阵 C 代表工件的完工时间矩阵，其中 C_{ij} 为工件 i 的第 j 道工序的完工时间。此处设定调度的目标是求最小

化最大完工时间为 C_{max}，如式（4-6）所示。

$$C_{max} = \min(\max\{ \ C_{ij} \mid i=1,2,...,n; \ j=1,2,...,m\}) \tag{4-6}$$

$$\text{subject to} \quad C_{ij} = S_{ij} + \sum_{k=1}^{m} (P_{ijk} \times T_{ijk}) \tag{4-7}$$

$$S_{ij} \geqslant C_{i(j-1)} \tag{4-8}$$

$$P_{ijk} \in \{1,0\}, \sum_{k=1}^{m} p_{ijk} = 1 \tag{4-9}$$

$$\sum_{i=1}^{n} \sum_{j=1}^{O_i} \sum_{k=1}^{m} p_{ijk} = \sum_{i=1}^{n} O_i \tag{4-10}$$

式（4-6）～（4-10）表示问题的约束条件，其中式（4-7）表示一个工序的完工时间等于其开工时间加上它在某一具体加工设备上的加工时间之和；式（4-8）说明每道工序都必须等其前驱工序加工完成才能开始加工；式（4-9）说明对应每个工序，只能将它分配到一台可加工设备上；式（4-10）说明必须给所有的工序分配加工设备。

4.5.2 柔性作业车间调度算法描述

针对最小化最大完工时间的 FJSP 调度问题，文中提出了 SHPSOABC 算法，为了充分平衡"勘探（Exploitation）"与"开采（Exploration）"这一对矛盾，可将该算法分为两个阶段：第一阶段算法主要集中在增强种群多样性上，第二阶段目的在于提升算法求解的质量。初始化过程对调度问题中的每一道工序及设备完成编码后，首先，SHPSOABC 将种群个体随机动态分成多个工序排序子群体，不同子群体间动态交换信息协同演化；其次，用前一阶段各个小种群中得到的最优解来初始化食物源，采用基于混沌算子的 ABC 算法来进行局部搜索，从而得到调度的最优生产排序。该算法采用双层矢量编码，每个可行解采用实数表示，同时通过独特转化方法将它对应到基于工序与设备的编码，从而将求解连续问题的 PSO 优化方法应用于离散的 FJSP 调度问题。

1. 种群编码与解码

采用双层编码来解决 FJSP 调度问题中每道工序的加工设备不唯一的问题，第一层基于设备分配编码，第二层基于工序排序编码。

（1）工序排序编码。一个 D 维的可行解 X 与一个调度方案一一对应，该调度方案基于所有工序的排序编码，如编号为 i 的工件共有 j 道工序，在一个调度中将出现 j 次，其第 k 次出现代表该工件第 k 道工序的加工顺序。每个可行解 X 与工序调度之间按照以下步骤进行转换。

Step1：对可行解 X 各维的值按照升序排列，此过程中，可行解的值和其对应的下标绑定一起移动。

Step2：将排序后 X 的前 m 个值对应到 m 个编号为 1 的工件，在 $m+1$～$2m$ 位置的 m 个值对应到 m 个编号为 2 的工件，以次类推，形成一个 D 维矢量 Y，其下标值与排序后 X 的下标值相对应。

Step3：对 Y 各维的下标值按照升序排列，那么 Y 中对应的工件顺序则形成该工件所有工序的调度结果。

（2）设备分配编码。对所有待加工的 S 道工序初始化设备编码进行随机分配，设备分配编码矢量中的第 1 个元素对应编号为 O_{ij} 道工序的加工设备编号，那么对于每道工序，一个设备加工选择方案即可设定好。这样编码便于后面可行解位置的更新操作，避免产生不可行的加工设备。

以 3 个工件在 2 台设备上加工的全柔性车间作业调度问题为例，随机初始化每个工序所使用的设备，以及一个 6 维的可行解，如表 4-7 所示，按照以上工序的编码步骤可得到表 4-11。

表 4-7   一个全柔性的 3×2 车间调度问题

	工序	机器号 M_1	机器号 M_2
J_1	O_{11}	9	6
	O_{12}	5	4
J_2	O_{21}	9	5
	O_{22}	8	7
J_3	O_{31}	10	12
	O_{32}	6	11

表 4-8 中可行解的第 3 维为（2，3），它表示 O_{31}，即第 3 个工件的第 1 道工序在机器 2 上加工，容易看出在表 4-7 中对应为 O_{31} 和 M_2，加工时间为 12。

表 4-8   可行解编码表达式

可行解（X）	0.4	0.2	0.7	0.5	0.3	0.9
第一层 A（设备 E）	1	2	2	1	2	1
第二层 B（工序 G）	2	1	3	2	1	3

解码时，由编码段可得出各工件的加工序列，由可行解的第二层编码根据工序表可得出每个工序的加工设备，根据时间约束和设备约束将每道工序布置在合适的时间，生成调度方案。

2. 第一阶段：基于动态邻域的微粒群粗搜索

此阶段采用动态邻域的协同微粒群算法，由于使用基本微粒群算法容易得到一种局部最优方案使算法局部收敛，因此，可在一定周期内动态随机组建工序排序方案，从而拓宽可行解的搜索空间。第一阶段动态邻域微粒调度算法流程图如图 4-5 所示。

首先，分别建立两种类型种群 Epop 和 Gpop，对应的种群规模分别为 pop₁ 和 pop₂，Epop 种群用来表示调度设备分配方案，Gpop 种群表示工件的工序排序方案，即 Epop（E_1, E_2, …, E_j）和包含多个子种群的 Gpop（Gpop₁, Gpop₂, …, Gpopⱼ），设备分配微粒 E_j 与工件排序种群 Gpopⱼ 一一对应，相互结合进行评价，为了提高种群多样性，每隔周期 L 代，对工序排序方案 Gpop 的子种群进行重组。在 PSO 算法中，在一个 D 维的问题空间中，包含 m 个粒子，每个粒子都有自己的 D 维的位置和速度，每个粒子作为搜索空间中待优化问题的一个可行解，通过粒子之间的协作与竞争来寻找问题的最优解。在第 t 次迭代中，第 i 个粒子的当前位置表示为 $x_i(t) = (x_{i1}(t), x_{i2}(t), …, x_{id}(t))$，当前速度表示为 $v_i(t) = (v_{i1}(t), v_{i2}(t), …, v_{id}(t))$。在每次迭代中，粒子个体搜索到的最好位置用 $pbest_i(t) = (pbest_{i1}(t), pbest_{i2}(t), …, pbest_{id}(t))$ 表示，记作 $pbest_i$，称为个体最优；群体中各个子邻域搜索到的最好位置用 $lbest_i(t) = (lbest_{i1}(t), lbest_{i2}(t), …, lbest_{id}(t))$ 表示，记作 $lbest_i$，称为邻域最优。工序排序方案 Gpop 包含多个子种群，故采用局部版本的粒子更新公式（4-11）、式（4-12）。

$$v_{id}(t+1) = w \times v_{id}(t) + c_1 \times r_1 \times [pbest_{id}(t) - x_{id}(t)] + c_2 \times r_2 \times [lbest_{id}(t) - x_{id}(t)] \quad (4\text{-}11)$$

$$x_{id}(t+1) = x_{id}(t) + v_{id}(t+1) \quad (4\text{-}12)$$

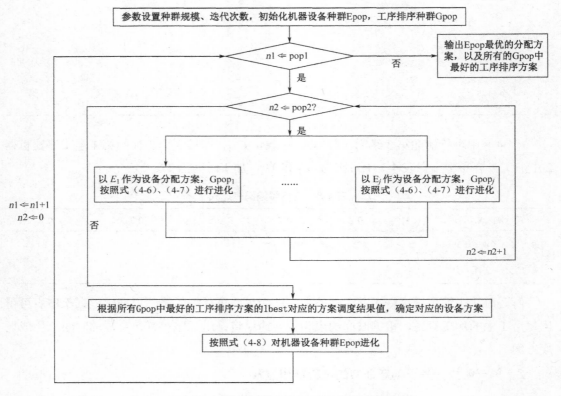

图 4-5 第一阶段动态邻域微粒群调度算法流程图

式中，$i=1, 2, …, m$；$d=1, 2, …, D$；r_1 和 r_2 是服从 $U(0, 1)$ 分布的随机数；学习因子 c_1 和 c_2 为非负常数，表示粒子受个体认知和社会认识的影响程度；w 是惯性系数。

设备分配群 Epop 的粒子编码采用整数来编码,针对机器设备分配编码部分的粒子设计了新的更新公式(4-13)来进行更新。

$$x_{id}(t+1) = [w \times x_{i,d}(t)] \oplus c_1 \times p_{id}(t) \oplus c_2 \times g_{bd}(t) \qquad (4\text{-}13)$$

随机产生一个随机数 r,对于粒子 X_i 每维上的元素值,如果 $r<w$(w 为粒子 X_i 的变异概率),则让另一个能加工该工序的合法设备号替换对应维的设备号,否则不变。

3. 第二阶段:基于混沌算子的蜂群细搜索

文献[125]已证明 Logistic 混沌序列是最常用的混沌序列,而且它作为局部搜索算子是非常有效的,所以将该机制引入到 SHPSOABC 算法的第二阶段。通过将对最优工序的搜索过程对应为混沌轨道的遍历过程,从而提高可行解的收敛精度。

经过第一阶段的粗搜索,得到每个子种群 $Gpop_i$ 最优的调度方案,以及对应的机器设备分配方案所构成的 n 个个体,分别将食物源的个数、引领蜂数目和跟随蜂数目设置为 $n/2$,在此阶段设备分配及工序排序编码方式与第一阶段相同,食物源及各种蜂也采用两层编码方式。

(1)引领蜂阶段。引领蜂在每个食物源周围的局部搜索操作。针对食物源 $X_i = (x_{i1}, x_{i2}, \cdots, x_{id})$ 中的一个随机位置 j,利用引领蜂式(4-14)进行变异操作,生成新的候选食物源 $V_i = (x_{i1}, x_{i2}, \cdots, v_{ij}, \cdots, x_{id})$;再根据各个设备对应的工序排列求其适应度值,在候选食物源 V_i 与原食物源 X_i 之间进行选择操作,从而生成 X_i 的新食物源位置。

$$v_{ij} = w \otimes h(x_{ij}) \qquad (4\text{-}14)$$

随机产生一个数 r,对于粒子 X_i 每维上的元素值,如果 $r<w$(w 为粒子 X_i 的变异概率),$h(x_{ij})$ 对食物源的两个矢量分别调整,操作步骤如下:对选中的食物源 X_i 的两个矢量分别进行调整,在 A 矢量中随机选择一个与其不等的设备号进行替换,在 B 矢量中随机交换两个不同元素的位置;否则,A、B 矢量的值保持不变。

(2)跟随蜂阶段。根据式(4-15)计算每个食物源的适应度,拥有较优目标函数的食物源被选中的概率较大。进而侦察蜂在较优的食物源周围进行局部搜索操作。由式(4-16)计算出每个食物源的选择概率 $prob_i$,进而利用随机轮盘赌法选出一个食物源 X_i,引领蜂执行相同的变异操作。

$$Fitness_i = \frac{1}{1 + Fitness_i} \qquad (4\text{-}15)$$

$$prob_i = \frac{Fitness_i}{\sum_{i=1}^{n/2} Fitness_i} \qquad (4\text{-}16)$$

(3)混沌局部搜索。将食物源适应度函数按照从大到小顺序排列,可利用混沌序列的随机性、遍历性和规律性操作。具体操作如下:CLS 操作只对矢量 A 进行调整,使矢量 A 分配到更合适的机器,从而更好地平衡各机器负载。由于 CLS 的加入必然会增加算法搜索时间,因此只针对最优食物源 X_{best} 的设备 A 矢量进行邻域搜索操作。

Step1：在食物源 X_i 中，选出当前种群最优食物源 X_{best} 的机器设备分配矢量。

Step2：令 $k=0$，利用式（4-17），将变量 x_i^k 映射成 0～1 的混沌变量 cx_i^{k+1}。

$$cx_i^k = x_i^k - x_{min,i} / x_i^k - x_{max,i}, i = 1, 2, .., n \qquad (4-17)$$

式中，$x_{max,j}$ 和 $x_{min,j}$ 分别表示定义域的下界和上界。

Step3：利用式（4-18），生成 Logistic 混沌变量 cx_i^{k+1}。

$$cx_i^{k+1} = 4cx_i^k(1 - x_i^k), i = 1, 2, .., sn/2 \qquad (4-18)$$

式中，cx_i^k 为第 i 个混沌变量，k 表示迭代步数，$cx_i^0 \in (0,1)$ 且 $cx_i^0 \neq \{0.25, 0.5, 0.75\}$，同时 cx_i^k 是（0,1）内均匀分布的随机数。

Step4：将混沌变量 cx_i^{k+1} 转化为决策变量 x_i^{k+1}。

$$x_i^{k+1} = x_{min,i} + cx_j^{k+1}(x_{max,i} - x_{min,i}), i = 1, 2, .., n \qquad (4-19)$$

Step5：根据决策变量 x_i^{k+1}，$j=1$，2，…，n，对新解进行性能评价，若新解优于初始解，或者混沌搜索已达到预先设定的最大迭代次数，则将新解作为混沌局部搜索的结果，否则令 $k=k+1$ 并返回 Step 4。

（4）侦察蜂阶段。该阶段只针对选择出来的食物源的工序排序 **B** 矢量进行，若工序排序方案在参数 limit 范围内没有得到提升则被放弃，利用式（4-20）重新生成新位置。

$$x_{ij} = x_{min\,j} + rand(0,1) \times (x_{max\,j} - x_{min\,j}) \qquad (4-20)$$

式中，$x_{max\,j}$ 和 $x_{min\,j}$ 分别是 X_i 中第 j 维的下限和上限，rand（0，1）是 0～1 的随机数。

4.5.3 实例验证

1. 参数敏感性分析

选取合理的控制参数是使算法沿着最佳的搜索轨迹迅速收敛到全局最优解的重要因素。因此，对参数进行敏感性分析，了解控制参数对算法性能的影响程度是非常有必要的。两阶段动态群智能优化算法所涉及的主要控制包括子种群个数 Gpop、变异概率 w、工序子种群重组周期 L、混沌序列长度 K、侦察蜂参数 limit。以 FT10 为例，以最小化最大完工时间为目标，分别改变每个参数并运行 30 次，进行算法敏感性分析，如表 4-13 所示，C_{best} 为求得的最优解，best% 为求得的最优解的概率，t 为运行的平均时间消耗。

（1）当基准参数值子种群个数 Gpop=10 时，对 best% 的影响程度较大，属于敏感区，说明工序子种群不宜过小，过小虽然能增强种群多样性，但影响收敛速度；过大种群多样性会丧失，影响最终解的质量。

（2）基准参数工序子种群重组周期 L 对 best% 和收敛速度也有很大影响，太过频繁重组（即 L 过小），算法收敛速度慢；间隔代数较大时，可行解的质量不高，且随着 L 的增加 best% 会不断减弱。

（3）当基准参数子种群个数 Gpop=10、工序子种群重组周期 L=5 时，随着变异概率 w 的增加，算法表现为随机搜索，C_{best} 也随之出现下降趋势。

（4）子种群个数 Gpop=10，工序子种群重组周期 L=5，变异概率 w 为[0.2，0.5)，混沌序列长度 K=N/4=25、K=2N=50 或 K=N/2=50 时，算法值没有收敛到全局最优解，明显劣于理论最优解，此时算法停滞不前，陷入局部最优；K=N 时，算法在解的质量和收敛速度上表现出较好的效果。

（5）当基准参数值 Gpop=10，L=5，w 为（0.2，0.5）时，随着 limit 的不断增加，best% 表现为增加的趋势。

通过上述算法的敏感性分析，综合考虑其收敛精度与速度，说明算法参数的选择是合理有效的。

表 4-9　参数敏感性分析

参数调整	FT10				
	Gpop	L	w	K	limit
参数	5	3	(0，0.2)	25	25
C_{best}	930	930	930	1009	1238
best%	10	45	20	23	42
$\bar{t}$	55	50	65	52	75
参数	8	5	[0.2，0.5)	50	50
C_{best}	930	930	930	1108	930
best%	70	85	87	58	62
$\bar{t}$	30	25	29	60	35
参数	10	8	[0.5，0.7)	100	75
C_{best}	930	930	930	930	930
best%	95	70	40	96	70
$\bar{t}$	19	30	46	24	40
参数	15	10	[0.7，1.0]	200	100
C_{best}	930	930	930	930	930
best%	80	65	18	53	92
$\bar{t}$	65	42	55	75	15

2. 实例结果分析

为了验证 SHPSOABC 算法对于求解 FJSP 问题的性能，选取 OR-library 公布的两类典型算例，即 FT 类和 LA 类，各问题规模如表 4-9～表 4-10 所示。采用 MATLAB 9.0 编程，运行环境为 P5 CPU，主频为 2.66GHz，内存为 4GB，使用 Windows 7 操作系统。通过上述分析，算法参数设置如下：种群规模 $N=100$，子种群个数为 Gpop，变异概率 $w=0.3$，工序子种群重组周期 $L=10$，混沌序列长度 $K=100$，加速因子 $c_1=c_2=2.0$，算法独立运行 30 次，最大迭代次数为 5000，引领蜂数目=跟随蜂数目=50，侦察蜂参数 $limit=100$，最终结果取多次独立运行最优值（best），最差值（worst），平均值（mean）及标准差作为算法对比的根据。

为了进一步验证混合 SHPSOABC 算法的可行性和有效性，分别将该算法与 PSO、ABC 算法，以及文献[126]提出的 PSO-Priority 算法、文献[127]提出的混合微粒群算法（HPSO）、文献[125]提出的带混沌算子的蜂群（CHABC）算法 PSO+SA 算法测试的最优值进行比较，结果如表 4-10～表 4-12 所示。

表 4-10 FT10 和 FT20 的计算结果

FT10	SHPSOABC	PSO	PSO+SA	ABC	FT20	SHPSOABC	PSO	PSO+SA	ABC
最优值	930	930	930	930	最优值	1165	1178	1165	1165
最差值	935	974	947	953	最差值	1170	1196	1183	1192
平均值	932.2	958.7	939.3	954.5	平均值	1167.4	1184.5	1169.2	117
标准差	2.17	14.42	7.96	13.73	标准差	2.93	7.38	5.46	6.47

表 4-11 LA21 和 LA36 的计算结果

LA21	SHPSOABC	PSO	PSO+SA	ABC	LA36	SHPSOABC	PSO	PSO+SA	ABC
最优值	1046	1086	1055	1067	最优值	1269	1291	1283	1297
最差值	1088	1137	1079	1095	最差值	1298	1572	1362	1598
平均值	1066.3	1096.4	1072.6	1083.5	平均值	1287.4	1321.5	1296.8	1472.7
标准	3.62	13.31	5.89	6.42	标准差	6.73	15.59	7.38	9.46

表 4-12　SHPSOABC 与参考文献中算法进行比较

问题	规模	最优值	SHPSOABC		HPSO		CHABC		PSO-Priority		PSO+SA	
			Best	Time	Best	Time	Best	Time	Best	Time	Best	Time
FT06	6, 6	55	55	5.8	55	7.0	55	6.7	55	14.4	55	7.8
FT10	10, 10	930	930	10.9	930	19.5	930	19.8	1007	18.9	937	20.5
FT20	20, 5	1165	1165	38.0	1178	42	1165	32.7	1242	51.4	1165	31.2
LA01	10, 5	666	666	5.0	666	12.8	666	11.4	681	22.2	666	19.8
LA06	15, 5	926	926	15.6	926	22.3	926	23.4	926	27.7	926	32.3
LA11	20, 5	1222	1222	36.6	1222	46.5	1222	39.5	1222	45.9	1222	51.5
LA16	10, 10	945	945	27.3	945	49.3	945	39.2	1006	48.7	945	39.3
LA21	15, 10	1046	1046	31.4	1047	33.7	1048	34.2	1201	39.1	1055	43.7
LA26	20, 10	1218	1218	42.4	1218	57.5	1218	46.5	1409	54.9	1218	49.5
LA31	30, 10	1784	1784	57.5	1784	68.8	1784	70.8	1886	72.2	1784	59.8
LA36	15, 15	1268	1269	44.4	1269	49.6	1272	46.5	1437	57	1283	45.6

比较 4-10～表 4-12 可知：

（1）PSO+SA 算法优于 PSO 算法，说明 PSO 算法加入适当的局部搜索策略有利于提高解的质量；SHPSOABC 混合算法的平均值及最优值优于 PSO+SA 算法，表明混合算法中动态的拓扑结构能够提高种群多样性，进而提高种群的搜索效率。

（2）SHPSOABC 最优值、最差值、平均值和标准差均优于 PSO 和 ABC，经历第一阶段广度搜索，随着迭代的进行，带混沌算子的蜂群算法带领种群进入深度搜索，表明混合算法中动态邻域结构的 PSO 算法与带混沌搜索算子的 ABC 算法能实现两种算法的优势互补，进而提高求解质量，而且该算法具有更高的稳定性和可靠性。

（3）SHPSOABC 算法所获得的最优值等于或者优于其他 4 个算法所得到的最优值，其对 FT 类和 LA 类问题均具有更好的寻优能力，并能有效提高解的质量。对于以上 11 个算例，SHPSOABC 均能稳定地寻找到最优值或近似最优值，并且在较短时间内得到满意解。这说明 SHPSOABC 不但具有极高的求解精度，而且具有较高的鲁棒性。

为简化计算过程，便于调度结果的优劣及稳定性比较分析，选取某汽车装配流水线上的 6 个工件，在 10 台机器上加工，每个工件都要经过 6 道加工工序，每个工序可选择机器序号及工序加工时间，具体如表 4-13 所示，分别运用微粒群算法 PSO、带混沌算子的蜂群算法 CHABC 和本书介绍的混合算法 SHPSOABC 求解该车间调度问题。最优结果在混合算法的某次仿真第 20 次迭代时得到，并得出最优值的工序调度甘特图，如图 4-6 所示。其纵坐标表示机器设备编号，横坐标为迭代次数，算法收敛曲线如图 4-7 所示。

表 4-13　工序可选机器及时间表

工序和时间 \ 工件	工件 1	工件 2	工件 3	工件 4	工件 5	工件 6
工序 1	3，10	2	3，9	4	5	2
时间	3，5	6	1，4	7	6	2
工序 2	1	3	4，7	1，9	2，7	4，7
时间	10	8	5，7	4，3	10，12	4，7
工序 3	2	5，8	6，8	3，7	3，10	6，9
时间	9	1，4	5，6	4，6	7，9	6，9
工序 4	4，7	6，7	1	2，8	6，9	1
时间	5，4	5，6	5	3，5	8，8	1
工序 5	6，8	1	2，10	5	1	5，8
时间	3，3	3	9，11	1	5	5，8
工序 6	5	4，10	5	6	4，8	3
时间	10	3，3	1	3	4，7	3

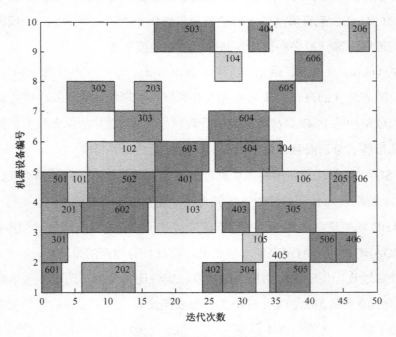

图 4-6　零件加工甘特图

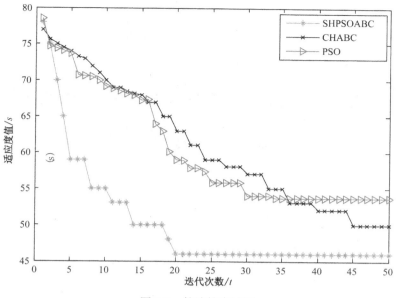

图 4-7 算法搜索过程

通过对比可以看出，3 种算法的最优值从小到大依次是 SHPSOABC 算法、CHABC 算法、PSO 算法，这反映出混合算法的全局搜索能力最强、搜索精度最高。从图中可以看出算法收敛速度排序同样如此，与表 4-10～表 4-12 得出的分析结果一致，进一步说明动态邻域微粒群与基于混沌算子的蜂群结合能有效地克服单独微粒群和蜂群算法的缺点，在可行解求解速度和精度等寻优能力上具有明显的优势。

4.6 小结

本章基于多阶段进化模式，提出了基于 PSO 算法和 ABC 算法的多阶段协同演化 DMPSOABC 算法，给出了 DMPSOABC 算法的思想、模型、描述及其具体实现，并对 DMPSOABC 算法的计算复杂度给出了定量分析。通过仿真实验将 DMPSOABC 算法用于优化国际标准测试函数，验证了 DMPSOABC 算法具有较强的全局搜索能力、较快的收敛速度、较好的优化性能、较高的求解效率等优点。针对柔性作业车间调度实际管理应用问题，基于多阶段协同演化思想，本章提出了柔性作业车间调度的多阶段协同群智能算法，并通过国际标准测试用例及实际的管理问题验证了提出算法的有效性。

第5章 基于空间自适应划分的动态种群多目标优化算法

5.1 引言

在科学研究和工程设计中许多优化问题涉及多个目标的同时优化，而且这些目标之间彼此冲突、相互制约，通常把这类型问题称为多目标优化问题（Multi-objective Optimization Problem，MOP），多目标优化问题一般情况下几乎找不到使多个目标同时达到最优的解，通常采用帕雷托最优解集（Pareto Set，PS）平衡多个相互冲突的目标。本章提出了一种多种群协同演化多目标微粒群优化（An Efficient Co-evolutionary Multi-objective Particle Swarm Optimizer，ECMPSO）算法，并通过优化国际多目标测试函数，以及求解环境、经济调度问题验证了 ECMPSO 算法的性能。

5.2 基于空间自适应划分的动态多目标优化算法

5.2.1 ECMPSO 算法思想

ECMPSO 先将一个大规模优化问题分解成一些低维的、简单的、更易于求解的子优化问题，再对这些低维、简单的子优化问题求解，并在子问题求解中伴随着协同合作过程，从而最终达到求解原大规模优化问题的目的。本章提出的 ECMPSO 算法其主要学术贡献表现在以下几方面。

（1）将多目标优化问题分解为若干个单目标优化子问题，并同时采用多个种群分别优化不同子问题，并且种群搜索空间被划分成多个网格，不同子群间相互共享存有全局非支配解的外部存档集合，这样能使种群多样性得到保持，最终找到一组分布具有尽可能好的逼近性、宽广性和均匀性的最优解集合。

（2）提出了一种新型的微粒群优化算法速度更新范式，每个区域内的粒子受到 3 种不同特点粒子的引导，这些引导粒子对主粒子所做的贡献分别被状态观测器实时记录下来，在一定周期内更换引导粒子，从而使主粒子快速靠近帕雷托最优前沿面。

（3）设计了一种新型精英学习策略，避免算法在处理多峰问题时陷入局部最优，新算法能对解空间进行更加全面、充分的探索。

1. 粒子速度更新

在基本 PSO 算法中，假设在一个 D 维的空间中，包含 n 个粒子，每个粒子作为搜索空间中待优化问题的可行解，通过粒子之间的协作与竞争来寻找问题的最优解，在每次迭代中，优化问题的过程可看做粒子不断更新的过程，PSO 算法的重要特点在于它的学习机制或信息共享机制，粒子通过共享个体最优 pbest(x) 和全局最优粒子 Gbest(x) 的信息与经验来调整自己的速度与位置，所有粒子除本身外只共享种群中最优粒子的信息，而忽略了其他粒子的信息。这种信息共享策略降低了微粒群的多样性，使算法在复杂优化问题中易陷入早熟收敛，显然，这是一个理想的社会条件。

鉴于此，本算法将目标空间每个维度划分成多个网格，在当前粒子所处的网格内，每个种群内的粒子在 Pbest(x)、Archive(x) 及 Nbest(x) 的引导下逐渐靠近最优前沿面，Archive(x) 是和 x 位于同一个网格内，所处最低前沿面且拥挤距离最大的粒子，Nbest(x) 是与 x 之间存在最大的适应度欧几里得距离率（Fitness Euclidean-distance Ratio，FER），文献[128]已经证实使用 FER 在解决多峰问题时，能有效避免粒子陷入局部最优，并有利于粒子开拓新的搜索区间。图 5-1 所示为基本 PSO 粒子搜索过程。图 5-2 描述了 ECMPSO 粒子搜索过程。在图 5-3 中可以清晰地观察到微粒 x 在 Pbest(x)（z 粒子），Archive(x)（h 粒子）及 Nbest(x)（y 粒子）朝最优前沿面运动的方向 D。

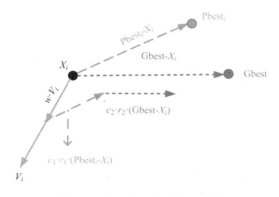

图 5-1　基本 PSO 粒子搜索过程

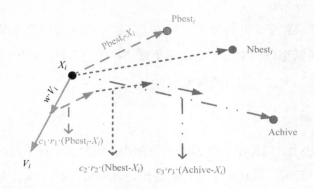

图 5-2　ECMPSO 粒子搜索过程

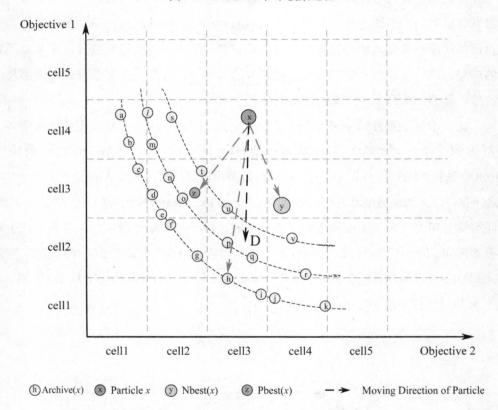

$\textcircled{h}$ Archive(x)　$\textcircled{x}$ Particle x　$\textcircled{y}$ Nbest(x)　$\textcircled{z}$ Pbest(x)　$-\!-\!\rightarrow$ Moving Direction of Particle

图 5-3　基于 Pbest(x)、Archive(x) 以及 Nbest(x) 引导下的粒子寻优过程

为了减少参数灵敏性对算法带来的影响，本算法使用随机学习因子 r_1 及 r_2 代替加速因子 c_1 和 c_2，每个粒子通过式（5-1）、式（5-2）更新速度。

$$v_{id}^m(t+1) = w \times v_{id}^m(t) + r_{1d} \times \left[\text{Pbest}_{id}^m(t) - x_{id}^m(t) \right] + r_{2d} \times \left[\text{Archive}_{id}^m(t) - x_{id}^m(t) \right] + \tag{5-1}$$
$$r_{3d} \times \left[\text{Nbest}_{id}^m(t) - x_{id}^m(t) \right]$$

$$x_{id}(t+1) = x_{id}(t) + v_{id}(t) \tag{5-2}$$

式中，$i = 1, 2, \cdots, n$，表示第 i 粒子序号；$d = 1, 2, \cdots, D$，表示维度；m 表示种群号；t 表示迭

代数，r_1 和 r_2 是服从 $U(0,1)$ 分布的随机数，并且 $r_1 + r_2 + r_3 = 1$；在每次迭代中，第 i 个粒子位置表示为 $x(t) = \left(x_{i1}(t), x_{i2}(t), \cdots, x_{id}(t)\right)$，速度表示为 $v(t) = \left(v_{i1}(t), v_{i2}(t), \cdots, v_{id}(t)\right)$，$w$ 是惯性系数，$v_{\max,d}$ 和 $v_{\min,d}$ 分别表示速度的上界和下界，$x_{\max,d}$ 和 $x_{\min,d}$ 分别表示位置的上界和下界。Archi(x) 的选择必须满足以下两条规则：①与 x 处于同一个网格内，并且在当前网格的最低前沿面上；②在满足①条件的所有粒子中，拥挤距离最大。Nbest(x) 可通过式（5-3）计算得到。

$$\text{FER}_{(j,i)} = \alpha \cdot \frac{f(p_j) - f(p_i)}{\|p_j - p_i\|} \tag{5-3}$$

式中，$\alpha = \dfrac{\|s\|}{f(p_g) - f(p_w)}$，$f(p_g)$ 为当前种群中全局最优，$f(p_w)$ 为当前种群中全局最差，$\|s\|$ 为搜索空间的大小，$s = \sqrt{\sum_{k=1}^{d}(x_k^u - x_k^l)^2}$，$x_k^u$ 和 x_k^l 分别是 x 的第 k 维搜索空间的上界和下界。$f(p_j)$ 和 $f(p_i)$ 分别对应了第 j 个和第 i 个粒子的适应度值，$\|p_j - p_i\|$ 代表第 j 个和第 i 个粒子的欧式距离。

2．粒子越界处理

在多目标优化问题中，帕雷托前沿往往分布在边界值附近。因此，边界个体的处理对于多目标优化问题显得尤为重要。对粒子位置和速度越界进行如下处理。

$$
v_{id}(t+1) = \begin{cases} \dfrac{w}{5} \times v_{\max,d}, & v_{id}(t+1) > v_{\max,d} \\[2mm] \dfrac{w}{5} \times v_{\min,d}, & v_{id}(t+1) < v_{\min,d} \\[2mm] v_{id}(t+1) \end{cases}
$$

$$
x_{id}^{m}(t+1) = \begin{cases} \dfrac{w}{5} \times x_{\max,d}, & x_i^d(t+1) > x_{\max,d} \\[2mm] \dfrac{w}{5} \times x_{\min,d}, & v_i^d(t+1) < x_{\min,d}^d \\[2mm] x_{id}(t+1) \end{cases} \tag{5-4}
$$

当产生的实际粒子的速度和位置超出第 j 维决策变量的上界或下界时，则由式（5-4）通过缩短粒子的搜索步长（即惯性权值 w）来修正粒子的速度和位置，这种处理方法最大程度上有效保持了粒子原来的搜索方向，能在接近边界的较小范围内寻优，减少了粒子在帕雷托前沿附近"徘徊"的概率。如果新粒子的位置仍然超出边界值，则将粒子位置直接设置为该维决策变量相应的上界或下界值。

3．状态观测器

ECMPSO 中粒子通过共享每个 Pbest(x)、Archive(x) 及 Nbest(x)（这 3 个粒子称为引导粒子）的信息与经验来调整自己的速度与位置，相对于一个粒子来说，每次迭代完毕，

Pbest(x)、Archive(x) 及 Nbest(x) 的信息都有可能在不停的变化，所以并不能完全保证首次获得的 Pbest(x)、Archive(x) 及 Nbest(x) 的信息以后都对粒子达到最优前沿面有所贡献，而每次都会对粒子 Pbest(x)、Archive(x) 及 Nbest(x) 的信息进行更新，毫无疑问，算法必定需要耗费大量时间，这是需要我们考虑的问题。状态观测器被引入到多目标微粒群演化算法中，它根据当前的解搜索状态，动态实时地跟踪记录粒子的演化过程。如果一段演化过程中引导者没有对粒子做任何贡献，种群的个体们可能被聚集在某个区域内，并陷入局部最优状态。在这种情况下，粒子必须被新的引导者所引导，分享它们的最新信息以帮助粒子跳出局部最优。

4．精英学习机制

为了防止外部存档库中的粒子陷入局部最优，本算法在外部存档中增加了一个精英学习策略，以增强算法跳出局部最优的能力，减缓了粒子收敛速度，该策略通过外部扰动机制来改善搜索未知区域的能力，通过内部扰动机制来改善已知搜索区域的搜索深度，引入该策略，能够为外部存储库中粒子提供有效信息找到更多的非劣解，获得种群多样性，如图 5-4 所示。最后使用拥挤距离对产生的新的非支配解进行择优处理，具体如式（5-5）和式（5-6）所示。

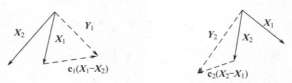

图 5-4　精英学习策略

$$Y_1 = X_1 + c_1(X_1 - X_2) \tag{5-5}$$

$$Y_2 = X_2 + c_2(X_2 - X_1) \tag{5-6}$$

式中，X_1，X_2 为已知搜索区域外部存储库中的自由矢量，未知搜索区域的 Y_1，Y_2 两个新的搜索矢量可由公式获得，c_1、c_2 是 0～1 的随机数。所有种群共享一个外部存档集，用来存储每次迭代产生的非劣解。如果档案集合中的非劣解数目超过其最大容量，则需要在档案中筛选具有代表性的个体保留下来，外部存档集的大小一般与种群的规模一致，将利用拥挤距离算法[150]来保持解群分布的均匀性。

5.2.2　ECMPSO 算法模型

基于以上思想，本章提出了一种多种群协同演化多目标微粒群优化算法，该算法流程图如图 5-5 所示。

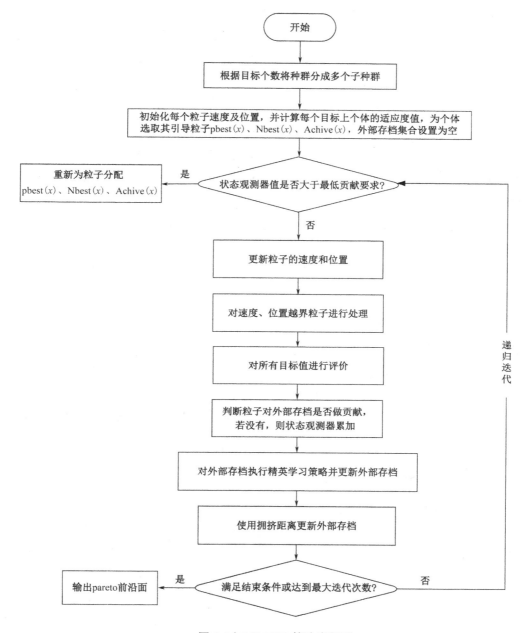

图 5-5 ECMPSO 算法流程图

5.2.3 ECMPSO 算法描述

ECMPSO 并不像其他多目标算法一样使用一个种群处理多目标中的所有问题，而是基于多目标技术，根据多目标优化问题个数将种群划分成多个子种群，相互协同合作寻找到分布尽可能好的逼近性、宽广性和均匀性帕雷托最优解的集合。ECMPSO 算法流程如下。

Step1：初始化种群。根据种群个体的维数、搜索点及速率等约束，随机初始化种群个体，这些个体必须是可行的候选解，满足操作约束。根据多目标问题的目标个数，将种群划分成多个子种群，并将每个目标的 D 维搜索空间自适应划分成多个网格，为每个个体分配 Pbest(x)、Archive(x) 以及 Nbest(x)，设置最大迭代次数及最低贡献要求次数。

Step2：迭代更新。对于每个种群的每个粒子进行如下操作：判断粒子对应的状态观测器值是否大于最低贡献要求次数。若是，则重新为粒子分配 Pbest(x)、Archive(x) 及 Nbest(x)。

Step3：更新粒子的速度和位置。

Step4：对速度、位置越界粒子进行处理。

Step5：判断粒子对外部存档是否做出了贡献，若没有，则状态观测器累加 1。

Step6：对外部存档执行精英学习策略并更新外部存档。

Step7：使用拥挤距离更新外部存档。

Step8：迭代计数器累加 1，判断是否满足算法终止条件。若满足，则执行 Step 9；否则，转向 Step 2。

Step9：输出帕雷托最优前沿面，算法结束。

5.3 ECMPSO 算法时间复杂度分析

由 ECMPSO 算法的执行步骤可知，ECMPSO 算法的计算复杂度主要由种群个体适应度计算和算法的计算量决定。ECMPSO 算法中假设种群规模为 N，最大迭代次数为 G，编码空间的维度（即求解问题的维数）为 D，在 ECMPSO 算法执行过程中，初始化种群的时间复杂度为 $O(D \times N)$，自适用网格划分时间复杂度为 $O(D \times N^3)$，每个粒子速度位移的更新时间复杂度为 $O(D \times N)$，因此

$$T=O(D \times N)+O(D \times N^3)+O(D \times N) \tag{5-7}$$

$$T=O(N^3) \tag{5-8}$$

综上所述，DMPSOABC 算法迭代 G 次的计算时间复杂度为

$$T_{总} = G \times T = O(N^3) \tag{5-9}$$

从计算结果可以看出，种群规模的大小对算法的计算复杂度有较大的影响。

5.4 实验测试

5.4.1 测试函数及参数设置

采用国际上 20 个不同类型的测试用例来验证 ECMPSO 算法的有效性，其中包括 SCH、FON、5 个 ZDT、2 个 DTLZ、4 个 WFG 及 7 个 UF[129]问题。这些测试问题已在很多不同的重要研究中被提及，它们能够在不同的方面对进化多目标问题进行测试。实验结果与

NSGA-II[107]、MOABC[130]、MOEA/D-DE[131]、MOCLPSO[87]、CMPSO[132]、2LB-MOPSO[133]
等进行了比较。表 5-1 列出了 20 个测试函数的表达式。算法相关参数设置见表 5-2。

表 5-1 测试函数

Name	维数	Range	Optimum
FON	3	$x_1 \in [0,1]$，$x_i = 0$，$2 \leq i \leq D$	$f_1(x) = 1 - \exp\left[-\sum_{i=1}^{3}(x_i - \frac{1}{\sqrt{3}})^2\right]$ $f_2(x) = 1 - \exp\left[-\sum_{i=1}^{3}(x_i + \frac{1}{\sqrt{3}})^2\right]$
SCH	1	$x_1 \in [0,1]$，$x_i = 0$，$2 \leq i \leq D$	$f_1(x) = x^2$ $f_2(x) = (x-2)^2$
ZDT1	30	$x_i \in [0,1]$，$1 \leq i \leq D$	$x_1 \in [0,1]$，$x_i = 0$，$2 \leq i \leq D$
ZDT2	30	$x_i \in [0,1]$，$1 \leq i \leq D$	$x_1 \in [0,1]$，$x_i = 0$，$2 \leq i \leq D$
ZDT3	30	$x_i \in [0,1]$，$1 \leq i \leq D$	$x_1 \in [0,1]$，$x_i = 0$，$2 \leq i \leq D$
ZDT4	10	$x_1 \in [0,1]$，$x_i \in [-5,5]$	$x_1 \in [0,1]$，$x_i = 0$，$2 \leq i \leq D$
ZDT6	10	$x_i \in [0,1]$，$1 \leq i \leq D$	$x_1 \in [0,1]$，$x_i = 0$，$2 \leq i \leq D$
DTLZ1	10	$x_i \in [0,1]$，$1 \leq i \leq D$	$x_1 \in [0,1]$，$x_i = 0$，$2 \leq i \leq D$
DTLZ2	10	$x_i \in [0,1]$，$1 \leq i \leq D$	$x_1 \in [0,1]$，$x_i = 0.5$，$2 \leq i \leq D$
WFG1	10	$z_i \in [0,2i]$，$1 \leq i \leq D$	$1 \leq i \leq k$，$z_j = 0.35$，$k+1 \leq i \leq D$
WFG2	10	$z_i \in [0,2i]$，$1 \leq i \leq D$	$z_j \in [0,2i]$，$1 \leq i \leq k$，$z_j = 0.35$，$k+1 \leq i \leq D$
WFG3	10	$z_i \in [0,2i]$，$1 \leq i \leq D$	$1 \leq i \leq k$，$z_j = 0.35$，$k+1 \leq i \leq D$
WFG4	10	$z_i \in [0,2i]$，$1 \leq i \leq D$	$1 \leq i \leq k$，$z_j = 0.35$，$k+1 \leq i \leq D$
UF1	30	$x_1 \in [0,1]$，$x_i \in [-1,1]$，$2 \leq i \leq D$	$x_i = \sin(6\pi x_1 + \frac{j\pi}{D})$，$2 \leq i \leq D$
UF2	30	$x_1 \in [0,1]$，$x_i \in [-1,1]$，$2 \leq i \leq D$	$x_1 \in [0,1]$ $2 \leq i \leq D$ $x_i = \begin{cases} 0.3x_1^2\cos(24\pi x_1 + \frac{4i\pi}{D}) + 0.6x_1 \end{bmatrix}\cos(6\pi x_1 + \frac{j\pi}{D}), j \in J_1 \\ 0.3x_1^2\cos(24\pi x_1 + \frac{4i\pi}{D}) + 0.6x_1 \end{bmatrix}\sin(6\pi x_1 + \frac{j\pi}{D}), j \in J_2 \end{cases}$
UF3	30	$x_i \in [0,1]$，$1 \leq i \leq D$	$x_1 \in [0,1]$，$x_i = x_1^{0.5\left[1.0 + \frac{3(i-2)}{D-2}\right]}$，$2 \leq i \leq D$
UF4	30	$x_1 \in [0,1]$，$x_i \in [-2,2]$，$2 \leq i \leq D$	$x_1 \in [0,1]$，$x_i = \sin(6\pi x_1 + \frac{j\pi}{D})$，$2 \leq i \leq D$
UF5	30	$x_1 \in [0,1]$，$x_i \in [-1,1]$，$2 \leq i \leq D$	$(F_1, F_2) = (\frac{i}{2N}, 1 - \frac{i}{2N})$，$0 \leq i \leq 2N$，$N = 10$
UF6	30	$x_1 \in [0,1]$，$x_i \in [-1,1]$，$2 \leq i \leq D$	$F_1 = \bigcup_{i=1}^{N}\left(\frac{2i-1}{2N}, \frac{2i}{2N}\right)$，$F_2 = 1 - F_1$，$N = 2$
UF7	30	$x_1 \in [0,1]$，$x_i \in [-1,1]$，$2 \leq i \leq D$	$x_1 \in [0,1]$，$x_i = \sin(6\pi x_1 + \frac{j\pi}{D})$，$2 \leq i \leq D$

表 5-2 算法相关参数设置

Algorithms	Parameters Settings
NSGA-II	$N=100$，$P_c=0.9$，$P_m=1/D$，$\eta_c = \eta_m = 20$，max_iter=5000
MOCLPSO	$N=100$，$P_c=0.1$，$P_m=0.4$，$\omega = 0.9 \to 0.2$，$c=2.0$，max_iter=5000
MOABC	$N=100$，limit=50，max_iter=5000
MOEA/D-DE	$N=100$，$P_c=0.6$，$P_m=0.03$，max_iter=5000

Algorithms	Parameters Settings
2LB-MOPSO	N=100，max_iter=5000，$\omega = 0.9 \rightarrow 0.2$
CMPSO	N=100，max_iter=5000，$\omega = 0.1$
ECMPSO	N=100，n=10，max_iter=5000，$\omega = 0.729$，$c_1 = c_2 = c_3 = 2.05$

在实验中，采用一种综合评价指标 Inverted Generational Distance，IGD)[134]来评估算法的性能。假定 P^* 为 MOP 的理想 PF 上的一组均匀采样，P 为多目标优化算法求得的一组对理想 PF 的逼近解，则解集 P 的 IGD 指标定义如下。

$$IGD(P^*, P) = \frac{\sum_{v \in P^*} d(v, P)}{\left| P^* \right|} \tag{5-10}$$

式中，$d(v, P)$ 为 v 与种群 P 中与之距离最近的点之间的欧氏距离，$\left| P^* \right|$ 表示种群 P^* 中帕雷托最优解的个数设置与种群大小相等，IGD 指标可以综合衡量多目标优化算法求得帕雷托最优解集 P 的收敛性和多样性，IGD 值越小，算法的求解性能越好。

5.4.2 参数敏感性分析

1. 每个目标搜索空间被划分成 n 个网格

为了增强种群的多样性和收敛性，多目标空间被划分成 n 个网格，以 FON、ZDT6、DTLZ1、UF3 及 WFG2 为例，以文献[107]提出的收敛性和多样性为考核目标，分别选取不同的 n 值进行算法敏感性分析，令 n={10，5，20}，对每个函数算法独立运行 30 次，每次迭代 5000 次，结果如图 5-6 所示。分析 n 值对收敛指标的影响，可以得出，n 过大（n=20）时会陷入局部最优解，并且多样性缺失；n 过小（n=5）时会对粒子飞行造成扰动，使最优解收敛性不足。从图 5-6 中可以看出，n 值取 10 时所表现出来的收敛性和多样性指标均优于 n 取 5 和 20 时。

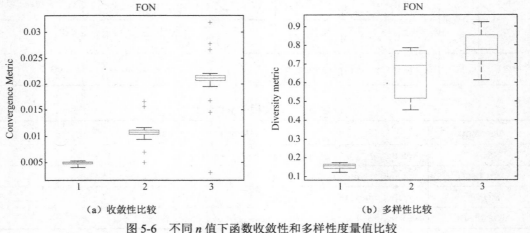

（a）收敛性比较   （b）多样性比较

图 5-6 不同 n 值下函数收敛性和多样性度量值比较

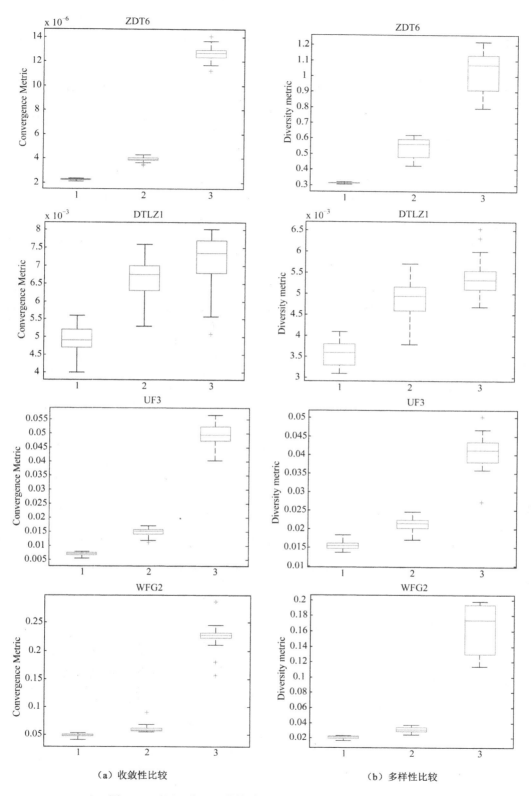

（a）收敛性比较　　　　　　　　　　　（b）多样性比较

图 5-6　不同 n 值下函数收敛性和多样性度量值比较（续）

2. 精英学习策略特性分析

在 ECMPSO 算法中，在种群进化的中后期，外部存档中的个体互不支配的可能性较大。此时，精英学习策略中的差分算子发挥作用。差分算子利用互不支配的抗体之间的相对位置关系产生最可能朝着理想 PS 进化和开拓新的搜索区域的方向发展。表 5-3 从数值实验的角度，以 SCH、DTLZ1 和 UF1 函数为例分析了精英学习策略在 ECMPSO 算法中的重要性，从表中的评价指标可以很容易看出，ECMPSO 中引入精英学习策略之后，算法在求得帕雷托最优解集的逼近性、均匀性和宽广性上有明显优势。

表 5-3 精英学习策略在算法中的特性分析

		SCH		DTLZ1		UF1	
		ECMPSO	ECMPSO without ELS	ECMPSO	ECMPSO without ELS	ECMPSO	ECMPSO without ELS
Converge Metric	Best	**1.143 E-003**	6.292 E-003	**4.413 E-003**	7.207 E-002	2.964 E-003	5.928 E-002
	Median	**1.272 E-003**	4.813 E-004	**5.234 E-003**	1.441 E-001	**2.983 E-003**	4.968 E-002
	Worst	**1.487 E-003**	2.309 E-004	**5.600 E-003**	8.734 E-001	**4.160 E-003**	8.717 E-002
	Mean	**1.142 E-003**	1.814 E-004	**3.010 E-003**	2.227 E-001	**3.045 E-003**	7.014 E-002
	Std	**4.413 E-004**	3.323 E-004	**2.859 E-004**	2.380 E-001	**8.954 E-004**	4.434 E-002
Diversity Metric	Best	**1.993 E-001**	7.289 E-001	**3.101 E-003**	4.581 E-001	3.364 E-002	5.023 E-002
	Median	**2.393 E-001**	7.578 E-001	**3.711 E-003**	5.269 E-001	**1.131 E-002**	7.118 E-002
	Worst	**3.249 E-001**	7.771 E-001	**4.513 E-003**	9.145 E-001	**5.217 E-001**	7.289 E-002
	Mean	**2.423 E-001**	7.567 E-001	**3.641 E-003**	5.936 E-001	**4.312 E-001**	6.123 E-002
	Std	**1.890 E-002**	1.514 E-002	**3.072 E-004**	1.564 E-001	**3.298 E-003**	6.843 E-002

3. 状态观测器更新周期 L

经过一段时间的搜索，状态观测器观测到一部分粒子可能被聚集在某个区域内，很可能处于局部收敛状态，需要新的引导者为粒子提供经验和信息分享，那么在搜索空间内何时为粒子提供新的引导粒子就是我们需要考虑的问题，为了寻找算法的较好参数组合，对 3 个函数进行了测试，测试 $L=\{3, 5, 8, 10\}$ 时的算法结果，从表 5-4 可以看出，$L=5$ 时算法性能较好，求解精度明显降低。

表 5-4　状态观测器更新周期分析（一）

ON　　　　　L		L=3	L=5	L=8	L=10
Converge Metric	Best	2.186 E-003	1.679 E-003	2.277 E-003	4.727E-003
	Median	2.515 E-003	1.492 E-003	2.566 E-003	1.090E-003
	Worst	3.242 E-003	2.312 E-003	2.861 E-003	3.124E-003
	Mean	2.597E-003	1.245 E-003	2.549E-003	1.385E-003
	Std	3.146 E-004	1.1328E-004	1.658E-004	9.590E-003
Diversity Metric	Best	2.702E-001	2.651 E-001	2.557E-001	6.907E-001
	Median	2.929E-001	2.653E-001	2.947E-001	8.350E-001
	Worst	3.224E-001	2.855 E-001	3.374E-001	9.251E-001
	Mean	2.921E-001	2.653E-001	2.964E-001	7.961E-001
	Std	2.165E-002	2.742E-004	2.350E-002	9.107E-002
ZDT3　　　　L		L=3	L=5	L=8	L=10
Converge Metric	Best	2.072 E-003	1.290E-003	1.689E-003	7.971E-002
	Median	2.191 E-003	1.518E-003	2.415E-003	1.556E-001
	Worst	7.354 E-003	2.106E-003	3.170E-003	6.396E-001
	Mean	2.193 E-003	1.555E-003	2.532E-003	2.166E-001
	Std	6.446E-004	2.238E-004	5.358E-004	1.722E-001
Diversity Metric	Best	6.319E-001	2.518 E-001	6.541E-001	6.515E-001
	Median	6.632E-001	2.522 E-001	7.257E-001	6.925E-001
	Worst	6.853E-001	2.534 E-001	7.836E-001	8.150E-001
	Mean	6.605E-001	2.523 E-001	7.201E-001	7.035E-001
	Std	1.846E-002	3.954E-004	3.370E-002	4.611E-002
WFG1　　　　L		L=3	L=5	L=8	L=10
Converge Metric	Best	1.964E-005	1.050 E-005	2.356E-005	6.918E-001
	Median	2.803E-005	2.271 E-005	8.153E-003	3.968E+000
	Worst	2.660E-002	4.472 E-002	5.358E-002	4.717E+000
	Mean	3.998E-003	2.261 E-003	1.583E-002	3.364E+000
	Std	8.954E-003	1.173 E-003	1.944E-002	1.482E+ 000
Diversity Metric	Best	4.374E-001	2.983 E-001	3.962E-001	1.023E+ 000
	Median	4.731E-001	4.985 E-001	7.594E-001	1.118E+ 000
	Worst	1.217E+000	7.598 E-001	1.341E +000	1.289E+ 000
	Mean	6.012E-001	4.985 E-002	8.193E-001	1.129E+ 000
	Std	2.798E-001	8.809E-003	4.295E-001	8.894E-002

5.4.3 测试结果

为了验证 ECMPSO 的有效性和可行性，在 MATLAB 2012α 平台下，将提出的 ECMPSO 算法与其他 6 种算法在 20 个国际测试函数上进行了测试，对求得的 IGD 值进行了比较，并做了威尔科克森秩和检验，如表 5-5 所示，表中"+""–""≈"分别表示 ECMPSO 算法结果较其他算法明显优于/差于/相差不大，显著性水平 α =0.05。其中的数据为每个算法运行30 次得到的平均值和方差，结果表明，在 20 个测试用例中，其中有 SCH、ZDT1、ZDT2、ZDT4、ZDT6、DTLZ2、UF1、UF2、UF4、UF6、WFG2 共 11 个函数的值明显优于其他算法，证明 ECMPSO 算法求得帕雷托最优解集具有较好的收敛性和多样性。在 FON 函数上仅次于 CMPSO，在 UF7 函数上仅次于 MOEA/D-DE，在 WFG3 上仅次于 CMPSO，实验数据表明 ECMPSO 具有很强的稳健性。

表 5-5　状态观测器更新周期分析（二）

FON ⟍ L		L=3	L=5	L=8	L=10
Converge Metric	Best	2.186 E-003	**1.679 E-003**	2.277 E-003	4.727E-003
	Median	2.515 E-003	**1.492 E-003**	2.566 E-003	1.090E-003
	Worst	3.242 E-003	**2.312 E-003**	2.861 E-003	3.124E-003
	Mean	2.597E-003	**1.245 E-003**	2.549E-003	1.385E-003
	Std	3.146 E-004	**1.1328E-004**	1.658E-004	9.590E-003
Diversity Metric	Best	2.702E-001	2.651E-001	**2.557E-001**	6.907E-001
	Median	2.929E-001	**2.653E-001**	2.947E-001	8.350E-001
	Worst	3.224E-001	**2.855 E-001**	3.374E-001	9.251E-001
	Mean	2.921E-001	**2.653E-001**	2.964E-001	7.961E-001
	Std	2.165E-002	2.742E-004	2.350E-002	9.107E-002
ZDT3 ⟍ L		L=3	L=5	L=8	L=10
Converge Metric	Best	2.072 E-003	**1.290E-003**	1.689E-003	7.971E-002
	Median	2.191 E-003	**1.518E-003**	2.415E-003	1.556E-001
	Worst	7.354 E-003	**2.106E-003**	3.170E-003	6.396E-001
	Mean	2.193 E-003	**1.555E-003**	2.532E-003	2.166E-001
	Std	6.446E-004	**2.238E-004**	5.358E-004	1.722E-001
Diversity Metric	Best	6.319E-001	**2.518 E-001**	6.541E-001	6.515E-001
	Median	6.632E-001	**2.522 E-001**	7.257E-001	6.925E-001
	Worst	6.853E-001	**2.534 E-001**	7.836E-001	8.150E-001
	Mean	6.605E-001	**2.523 E-001**	7.201E-001	7.035E-001
	Std	1.846E-002	**3.954E-004**	3.370E-002	4.611E-002

L ⁄ WFG1		L=3	L=5	L=8	L=10
Converge Metric	Best	1.964E-005	**1.050 E-005**	2.356E-005	6.918E-001
	Median	2.803E-005	**2.271 E-005**	8.153E-003	3.968E+000
	Worst	**2.660E-002**	4.472 E-002	5.358E-002	4.717E+000
	Mean	3.998E-003	**2.261 E-003**	1.583E-002	3.364E+000
	Std	8.954E-003	**1.173 E-003**	1.944E-002	1.482E+ 000
Diversity Metric	Best	4.374E-001	**2.983 E-001**	3.962E-001	1.023E+ 000
	Median	4.731E-001	**4.985E-001**	7.594E-001	1.118E+ 000
	Worst	1.217E+000	**7.598 E-001**	1.341E +000	1.289E+ 000
	Mean	6.012E-001	**4.985 E-002**	8.193E-001	1.129E+ 000
	Std	2.798E-001	**8.809E-003**	4.295E-001	8.894E-002

图 5-7 和图 5-8 给出了 7 种算法在 5000 次迭代后的 SCH、FON、ZDT3、ZDT6、UF1 及 DTLZ2 测试用例的帕雷托最优前沿面，表 5-6 给出了 7 种算法分别求得的 20 个测试函数 IGD 评价指标比较，可以证明 ECMPSO 算法在求得帕雷托最优解集合方面具有较好的逼近性、宽广性和均匀性。

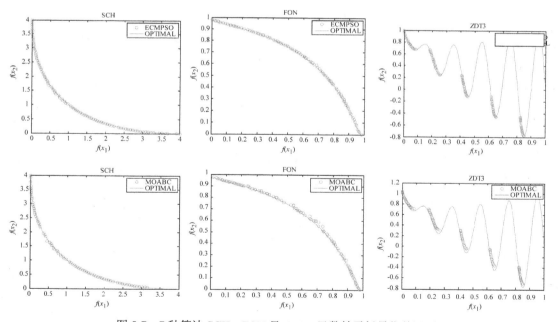

图 5-7　7 种算法 SCH、FON 及 ZDT3 函数帕雷托最优前沿面

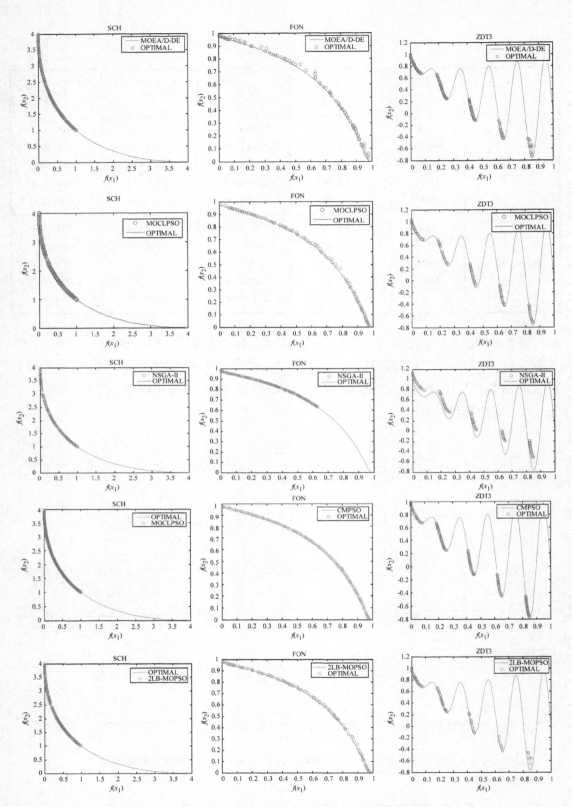

图 5-7　7 种算法 SCH、FON 及 ZDT3 函数帕雷托最优前沿面（续）

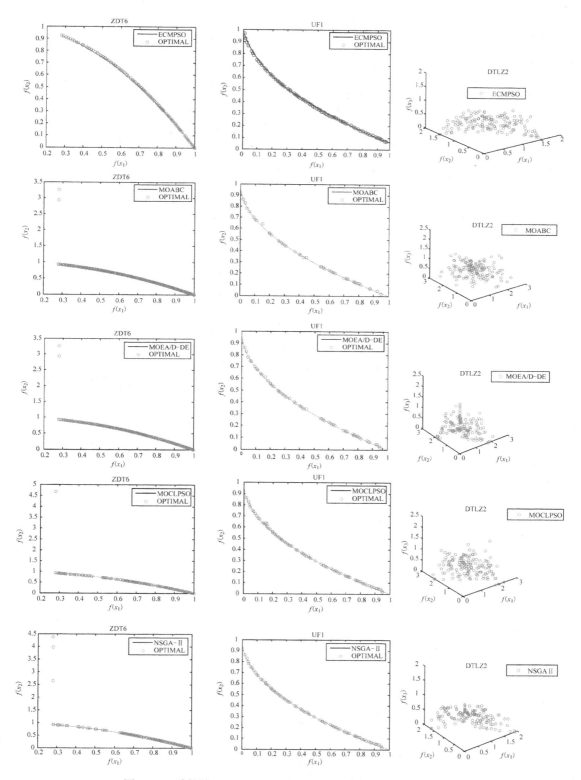

图 5-8　7 种算法 ZDT6、UF1 及 DTLZ2 函数帕雷托最优前沿面

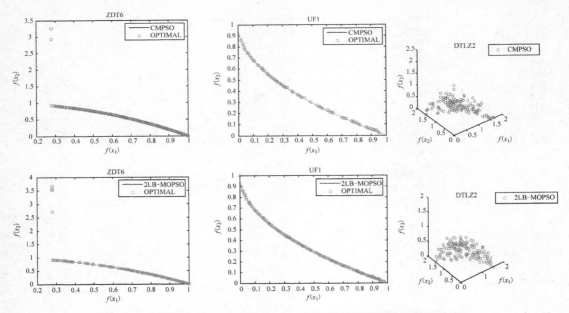

图 5-8　7 种算法 ZDT6、UF1 及 DTLZ2 函数帕雷托最优前沿面（续）

表 5-6　7 种算法分别求得 20 个测试函数 IGD 评价指标比较

Problems		ECMPSO	MOABC	MOEA/D-DE	MOCLPSO	NSGA-II	CMPSO	2LB-MOPSO
SCH	Mean	1.52E-004	1.17E-001	1.72E-002	4.36E-004	1.81E-003	2.14E-003	3.14E-003
	Std	4.41E-005	6.45E-004	4.32E-003	2.19E-004	3.32E-005	4.54E-003	3.41E-005
	Rank	1	7-	6-	2-	3-	4-	5-
FON	Mean	1.07E-003	2.59E-003	2.04E-002	3.26E-001	1.09E-003	6.14E-004	2.14E-003
	Std	5.41E-005	3.14E-004	7.59E-002	4.196E-001	9.59E-003	7.45E-005	3.48E-003
	Rank	2	5-	7-	7-	3≈	1+	4-
ZDT1	Mean	1.14E-003	0.41	0.16	4.8E-003	5.00E-003	4.13E-003	1.32E-002
	Std	7.30E-004	2.60E-002	1.93E-002	1.76E-004	2.33E-004	8.30E-005	1.65E-003
	Rank	1	7-	6-	3-	4-	2-	5-
ZDT2	Mean	4.34E-003	0.43	0.23	0.38	0.19	4.32E-003	1.56E-002
	Std	6.02E-005	2.53E-001	3.07E-002	0.30	0.28	1.03E-004	3.17E-003
	Rank	1	7-	5-	6-	4-	2≈	3-
ZDT3	Mean	1.67E-002	0.67	0.23	5.49E-003	1.54E-002	1.39E-002	0.35
	Std	4.53E-003	8.23E-002	2.17E-002	2.49E-004	2.71E002	3.49E-003	3.7E-002
	Rank	4	7-	5-	1+	2≈	3≈	6-
ZDT4	Mean	4.49E-002	12.57	0.31	3.26	0.29	0.79	0.42
	Std	1.7E-003	5.64	0.23	1.35	0.40	0.26	0.26
	Rank	1	7-	3-	6-	2-	5-	4-

Problems		ECMPSO	MOABC	MOEA/D-DE	MOCLPSO	NSGA-II	CMPSO	2LB-MOPSO
ZDT6	Mean	4.52E-004	0.39	1.54	3.69E-003	6.22E-003	3.72E-003	6.32E-002
	Std	6.49E-005	0.24	0.13	1.31E-004	7.02E-004	1.47E-004	5.02E-003
	Rank	1	6−	7−	2−	4−	3−	5−
DTLZ1	Mean	5.06E-003	9.42	2.79E-003	38.75	2.75E-003	5.67E-002	3.54E-003
	Std	1.21E-003	0.84	4.36E-004	7.36	2.86E-004	2.21E-002	3.05E-004
	Rank	4	5−	1+	7−	2+	5≈	3+
DTLZ2	Mean	6.72E-004	6.64E-002	3.33E-002	8.79E-003	5.81E-003	4.62E-003	2.76E-003
	Std	1.50E-005	9.05E-003	3.02E-003	8.06E-004	4.7E-004	1.50E-004	2.89E-004
	Rank	1	7−	6−	5−	4−	3−	2−
UF1	Mean	2.64E-003	0.73	5.96E-002	0.1	7.30E-002	6.64E-002	2.91E-003
	Std	2.45E-004	0.13	2.15E-002	7.17E-003	2.46E-002	1.99E-002	2.34E-003
	Rank	1	7−	4−	6−	5−	3−	2≈
UF2	Mean	2.43E-003	0.21	6.63E-002	0.11	2.06E-002	1.69E-002	2.12E-003
	Std	1.35E-003	1.07E-002	1.32E-002	3.39E-003	3.67E-003	3.37E-003	3.54E-003
	Rank	1	7−	5−	6−	4−	3−	2≈
UF3	Mean	1.80E-003	0.59	3.89E-002	0.48	6.95E-002	9.80E-002	1.25E-003
	Std	1.43E-003	4.37E-002	1.57E-002	1.55E-002	1.14E-002	1.39E-002	6.66E-002
	Rank	2	7−	3−	6−	4−	6−	1+
UF4	Mean	2.02E-002	0.19	4.72E-002	0.12	4.26E-002	2.38E-002	2.76E-002
	Std	1.53E-003	7.12E-003	1.59E-003	1.10E-002	4.46E-004	1.90E-003	1.03E-003
	Rank	1	7−	5−	6−	4−	2≈	3≈
UF5	Mean	0.24	4.13	0.33	0.51	0.32	0.2	0.19
	Std	3.12E-002	0.32	5.41E-002	0.18	8.41E-002	2.01E-002	2.01E-002
	Rank	3	7−	5−	6−	4−	2≈	1+
UF6	Mean	6.04E-002	2.93	0.14	0.40	0.12	0.16	0.13
	Std	1.13E-003	0.19	9.05E-002	4.30E-002	1.93E-002	2.04E-002	3.21E-002
	Rank	1	7−	4−	6−	2−	5−	3−
UF7	Mean	1.22E-002	0.74	8.34E-003	0.19	0.15	0.12	1.43E-002
	Std	0.54	0.19	9.40E-004	0.15	1.93E-002	0.13	2.12E-003
	Rank	2	7−	1+	6−	5−	4−	3≈
WFG1	Mean	1.52	1.68	2.57	1.37	1.8	1.23	1.62
	Std	0.19	0.43	1.62E-003	0.13	0.31	6.69E-002	0.34
	Rank	3	5−	7−	2+	6−	1+	4−

Problems		ECMPSO	MOABC	MOEA/D-DE	MOCLPSO	NSGA-II	CMPSO	2LB-MOPSO
WFG2	Mean	7.19E-002	0.58	0.96	0.38	0.46	0.11	0.32
	Std	6.43E-003	0.34	7.94E-002	3.45E-002	4.03E-002	6.19E-002	4.43E-002
	Rank	1	6−	7−	4−	5−	2−	3−
WFG3	Mean	1.56E-002	0.43	0.78	0.30	0.36	1.47E-002	0.27
	Std	6.67E-003	4.01E-002	4.83E-002	2.36E-002	3.07E-002	5.80E-004	1.54E-002
	Rank	2	6−	7−	4−	5−	1+	3−
WFG4	Mean	0.24	0.27	0.65	0.22	0.35	1.37E-002	0.43
	Std	5.73E-003	1.45E-002	3.34E-002	1.23E-002	4.17E-002	4.99E-004	3.32E-002
	Rank	3	4≈	7−	2≈	5−	1+	6−
Final	Total	36	128	101	93	77	58	68
Rank	Final	1	7	6	5	4	2	3
Better-Worse			−19	−16	−14	−16	−6	−10
Algorithms		ECMPSO	MOABC	MOEA/D-DE	MOCLPSO	NSGA-II	CMPSO	2LB-MOPSO

5.5 ECMPSO 在解决环境经济调度问题中的应用

近年来，随着环境污染等问题的日益突出，传统的仅仅考虑负荷和运行约束条件，单纯以发电成本最低为目标的经济调度已不能满足运行要求，以发电成本最低和污染气体排放量最少为目标环境经济调度（Environment Economic Dispatch，EED），兼顾了环保性与经济性，受到了广泛的关注。EED 模型是一个多目标优化问题，有两个相互冲突的目标，即最小的燃料成本及最少的空气污染，需要对彼此冲突、相互制约的目标进行权衡分析，才能对任何水平的需求找到一种可行的满足要求的调度策略。一般情况下，环境经济调度问题通过分析运用电力调度的约束模型，将电力调度的经济最小化作为单一目标进行优化。但是这些方法不能有效地解决非凸的帕雷托最优方面的问题。本节将提出使用 ECMPSO 算法来解决 EED 优化问题。

5.5.1 环境经济调度的数学模型

1. 多目标函数

多目标节能减排负荷调度模型是在满足系统运行约束和机组运行约束的条件下，综合考虑系统燃耗量和污染物排放量最小的多目标优化问题。

$$\min\left[\sum_{i=1}^{N_G}F_i(P_{Gi}),\sum_{i=1}^{N_G}E_i(P_{Gi})\right] \tag{5-11}$$

式中，$i = 1, 2, \cdots, N_G$，N_G 为系统内发电机总数，$F_i(P_{Gi})$ 为发电燃料耗量函数，其表达式为式（5-12）；$E_i(P_{Gi})$ 为发电机污染气体（SO_2，NO_x）排放量函数，其表达式为式（5-13）。

（1）燃料消耗函数为

$$F_i(P_{Gi}) = a_i + b_i P_{Gi} + c_i P_{Gi}^2 \qquad (5\text{-}12)$$

式中，a_i、b_i、c_i 均为系统参数，P_{Gi} 为第 i 台发电机的有功功率。

（2）有害气体（SO_2，NO_x）排放量函数为

$$E_i(P_{Gi}) = \alpha_i + \beta_i P_{Gi} + \gamma_i P_{Gi}^2 + \xi_i \exp(\gamma_i P_{Gi}) \qquad (5\text{-}13)$$

式中，α_i、β_i、γ_i、ξ_i、γ_i 均为系统参数。

2．约束条件

（1）发电机运行约束条件（容量约束）

每个机组的发电功率应介于其最大输出功率和最小输出功率之间，即

$$P_{Gi}^{\min} \leqslant P_{Gi} \leqslant P_{Gi}^{\max} \qquad (5\text{-}14)$$

式中，$P_{Gi}^{\min}$、$P_{Gi}^{\max}$ 分别为第 i 台发电机的最小和最大有功功率输出。

（2）有功功率平衡约束条件（平衡约束）

各机组发电功率之和应等于负载总需求功率与网络损耗之和，即

$$P_D + P_{LOSS} - \sum_{i=1}^{N_G} P_{Gi} = 0 \qquad (5\text{-}15)$$

式中，P_D 为系统总负荷需求，P_{LOSS} 为系统网络损耗。采用 B 系数法，系统网损与发电机有功功率的关系为

$$P_{LOSS} = \sum_{i=1}^{N_G} \sum_{j=1}^{N_G} P_{Gi} B_{ij} P_{Gi} + \sum_{i=1}^{N_G} P_{Gi} B_{i0} + B_{00} \qquad (5\text{-}16)$$

式中，B_{ij}、B_{i0}、B_{00} 称为 B 系数。

5.5.2 环境经济调度算法描述

ECMPSO 基于多目标技术，种群中的粒子协同合作寻找到分布尽可能好的逼近性、宽广性和均匀性帕雷托最优解集合。ECMPSO 算法流程如下。

Step1：获得具有多台发电机组的电力系统中每台机组的出力数据上限与下限、燃料消耗函数的系数数据、有害气体排放量函数的系数数据、输电线路损耗的 B 系数数据和系统总负荷数据。

Step2：建立电力系统环境经济调度问题的数学优化模型。

Step3：初始化种群。设置种群大小，根据目标个数，将种群划分成多个子种群，并对

目标空间进行划分，随机初始化种群个体，这些个体必须是可行的候选解，满足操作约束，为每个个体分配 Pbest(x)、Archive(x) 及 Nbest(x)，设置最大迭代次数及年龄观测器阈值。

Step4：迭代更新。对于每个种群的每个粒子进行如下操作。

Step4.1：判断粒子对应的年龄观测器是否大于阈值，若是，则重新为粒子分配 Pbest(x)、Archive(x) 及 Nbest(x)，年龄观测器值置 0。

Step 4.2：在种群中更新粒子的速度和位置。

Step 4.3：对速度、位置越界粒子进行处理。

Step 4.4：评估适应度函数值。

Step 5：判断粒子对外部存档是否做贡献，若没有，则年龄观测器+1。

Step 6：对外部存档执行精英学习策略并更新外部存档。

Step 7：外部存档的个数是否超过设定值，若是，则使用拥挤距离更新外部存档。

Step 8：迭代计数器累加 1，判断是否满足算法终止条件。若满足，则执行 Step 6；否则转向 Step 4。

Step 9：输出帕雷托最优前沿面。

Step 10：采用多目标决策方法在帕雷托最优解集中确定最终解。

Step 11：将确定的最终解作为指令通过自动发电控制装置发送给相关发电厂或机组的自动控制调节装置，实现对机组发电功率的控制。

5.5.3　仿真实验与分析

本实验用标准的 IEEE 30 节点六发电机测试系统进行测试，测试系统的负荷需求为 2.834p.u，所有线路通过 41 条输电线路进行连接。详细的燃料成本数据和氮氧化合物的排放系数来自文献[87]。为了清晰地表明不同算法的性能，测试时考虑有网损和无网损两种情况。两种情况具体如下。

情况 1：忽略 6 个机组的系统损耗，只考虑容量约束和平衡约束。

情况 2：考虑系统损耗，同时考虑容量约束和平衡约束。

为验证算法的可靠性，在参数设置一致的情况下，每组实验独立运行 20 次。以①最低的发电成本及相应较低的排放；②最低的排放量及相应较低的发电成本来评估 ECMPSO 2LB-MOPSO 算法、NSGAII 算法、DE-IMOPSO 算法和 MOEA/D 算法，结果如表 5-7～表 5-10 所示。

表 5-7　各种算法在情况 1 中燃料花费最小的运算结果

算法	P1	P2	P3	P4	P5	P6	花费/($/h)	排放/(t/h)
ECMPSO	0.1079	0.3025	0.5296	1.0067	0.4987	0.3553	600.004	0.22090
DE-IMOPSO	0.1156	0.3044	0.5278	1.1690	0.5147	0.3543	600.124	0.22190

算法	P1	P2	P3	P4	P5	P6	花费/($/h)	排放/(t/h)
NSGA-II	0.1567	0.2870	0.4671	1.0467	0.5037	0.3729	600.572	0.22282
2LB-MOPSO	0.1099	0.3186	0.5400	0.9903	0.5336	0.3507	600.220	0.22060
MOEA/D-DE	0.1070	0.2897	0.5250	1.0150	0.5330	0.3673	600.131	0.22226

表 5-8　各种算法在情况 1 中气体排放量最少的运算结果

算法	P1	P2	P3	P4	P5	P6	花费/($/h)	排放/(t/h)
ECMPSO	0.3972	0.4539	0.5254	0.3763	0.5572	0.5238	639.016	0.19402
DE-IMOPSO	0.4097	0.4606	0.5373	0.3863	05437	0.5054	639.415	0.19423
NSGA-II	0.4394	0.4511	0.5105	0.3871	0.5553	0.4905	639.231	0.19436
2LB-MOPSO	0.4240	0.4577	0.5301	0.3721	0.5311	0.5180	638.508	0.19420
MOEA/D-DE	0.4097	0.4550	0.5363	0.3842	0.5348	0.5140	638.357	0.19420

表 5-9　各种算法在情况 2 中燃料花费最小的运算结果

算法	P1	P2	P3	P4	P5	P6	花费/($/h)	排放/(t/h)
ECMPSO	0.1139	0.3252	0.6161	0.9689	0.4998	0.3464	605.790	0.2191
DE-IMOPSO	0.1259	0.2912	0.5779	0.9855	0.5286	0.3498	605.891	0.2199
NSGA-II	0.1168	0.3165	0.5441	0.9447	0.5498	0.3964	608.245	0.2166
2LB-MOPSO	0.1279	0.3163	0.5803	0.9580	0.5258	0.3589	607.860	0.2176
MOEA/D-D	0.1268	0.3157	0.5859	0.9581	0.5262	0.3609	608.860	0.2176

表 5-10　各种算法在情况 2 中气体排放量最少的运算结果

算法	P1	P2	P3	P4	P5	P6	花费/($/h)	排放/(t/h)
ECMPSO	0.3713	0.4700	0.5565	0.3695	0.5269	0.5309	646.005	0.18972
DE-IMOPSO	0.4128	0.4562	0.5446	0.3925	0.5502	0.5118	645.805	0.19424
NSGA-II	0.4113	0.4591	0.5117	0.3724	0.5810	0.5304	647.251	0.19430
2LB-MOPSO	0.4145	0.4450	0.5799	0.3847	0.5348	0.5051	644.770	0.19430
MOEA/D-DE	0.4063	0.4586	0.5510	0.4084	0.5432	0.3450	642.896	0.19422

表 5-7 和表 5-8 分别给出了在情况 1 中，ECMPSO 算法求得的燃料花费最小费用值为 600.004($/h)、气体排放量最小值为 0.19402(t/h)，优于 DE-IMOPSO、NSGA-II、2LB-MOPSO、MOEA/D-DE 算法的结果。表 5-9 和表 5-10 给出了在情况 2 中，ECMPSO 算法求得的燃料花费最小费用值为 605.790($/h)、气体排放量最小值为 0.18972(t/h)；优于 DE-IMOPSO、NSGA-II、2LB-MOPSO、MOEA/D-DE 算法的结果。表 5-7 和表 5-9 结果表明，ECMPSO

算法取得了更好的最优解，从图 5-9 和图 5-10 中可观察到，ECMPSO 算法所得解在保持多样性的同时均匀分布性也较好，其帕雷托最优解能遍布整个均衡面。

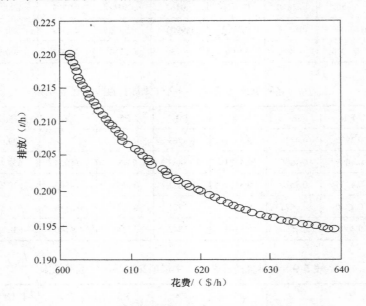

图 5-9　ECMPSO 在情况 1 中求得的帕雷托最优前沿

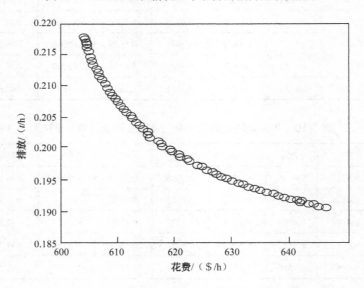

图 5-10　ECMPSO 在情况 2 中求得的帕雷托最优前沿

5.6　小结

本章基于协同合作思想，提出了一种基于空间自适应划分的动态种群多目标微粒群优化算法 ECMPSO。该算法采用多种群来处理多目标问题，搜索空间内的粒子被一种新的最优粒子引导，通过状态观测器实时记录引导者为粒子靠近帕雷托最优解集所做的贡献，在一定周期内更换引领者，设计了一种新型精英学习策略，将差分演化引入帕雷托最优解集，实验部分对参数敏感性进行了分析，对国际测试函数及 IEEE 30 总线、6 机组的电力系统的环境经济调度问题的仿真结果表明，ECMPSO 能快速找到一组分布具有较好的逼近性、宽广性和均匀性的最优解集。

第6章 基于集合编码的车辆路径多目标优化模型及算法

6.1 引言

车辆路径问题（Vehicle Routing Problem，VRP）是配送过程中的一个关键环节，物流配送车辆路径优化问题必须综合考虑时间、空间等多种因素。目前，国内大量文献集中于单目标 VRP，其中很少文献研究基于多目标车辆路径的离散微粒群智能算法，本章研究车辆数目不确定的带时间窗的物流配送路径优化问题，提出了基于集合编码的多目标离散微粒群优化算法（Hybrid Multi-objective Discrete Particle Swarm Optimization，HMPSO），结合变邻域搜索启发式算法的优点，并通过对求解带时间窗车辆路径问题来验证 HMPSO 算法的优化性能。

6.2 带时间窗车辆路径多目标优化模型

配送从各生产企业处集货运输到配送中心，配送中心内理货后运输到各个需求点（零售商），或者直接运输到各需求点，整个过程的路网是很复杂的，运输路线的选择也很多，但不管是从各生产基地集货到配送中心，还是配送中心运输到各需求点，或者直接从生产基地到需求点进行配送，均可以理解为车辆从给定的配送中心出发完成一定的任务最终回到配送中心的过程，区别在于前阶段是取货，后阶段是送货，本章综合考虑从集货到配送完成的全过程，并将其理解为从一个配送点出发，再回到配送点的过程。本书将配送路径的优化简要描述如下：给定一个配送中心，从这个配送中心出发向多个零售商（其需求量和位置均确定）送货，车辆数目不定，但车辆的最大载重已知，每辆车从配送中心出发，完成任务后最终回到配送中心，要求合理安排配送车辆路线，在保证时效性最高的情况下使总运输成本最少，并满足以下条件。

（1）在每条配送路径上，各服务客户的需求量之和不得超过配送车辆的最大载量。

（2）配送路径的长度必须遵循车辆一次配送的最大行驶距离，不得超过它。

（3）由一辆车一次性完成对同一个客户的服务。

（4）每项配送任务必须满足时间要求，要在特定时间范围内将其送到零售商。

由此，配送优化的目标界定为两个：一是使所用车辆数目最少，二是使所用车辆总行驶距离最少。充分考虑上述问题的约束条件和优化目标，建立车辆数目不确定的、带时间窗的物流优化配送路径的数学模型，该问题可以用图论的观点进行描述，待配送的需求网络使用有向图 $G = <V, E>$ 表示，$V = \{0, 1, 2, \cdots, n\}$ 表示一组节点，节点 0 表示配送中心，$V \setminus \{0\}$ 表示客户点，$E = \{<i, j> | i, j \in V, i \neq j\}$ 是一组弧线；$K = \{1, 2, \cdots, m\}$ 表示一对配送车辆，m 表示车辆数；q_k 表示车辆 k 的装载量；d_i 表示节点 i 的需求量；at_i 表示车辆到达节点 i 的时间；wt_i 表示车辆在节点 i 的等待时间；st_i 表示车辆在节点 i 的服务时间；t_{ij} 表示两个节点 $<i, j>$ 间的行驶时间；$[e_i, l_i]$ 表示节点 i 的时间窗，其中 e_i 表示开始服务的最早时间，l_i 表示开始服务的最晚时间点；C_{ijk} 表示车辆 k 经历弧 $<i, j>$ 的配送成本。

决策变量为：

$$X_{ijk} = \begin{cases} 1, & \text{表示第} k \text{辆车配送时，配送完节点} i \text{后配送节点} j \\ 0, & \text{其他} \end{cases} \tag{6-1}$$

目标 1：所用车辆数目最少。

$$\tag{6-2}$$

目标 2：所用车辆总行驶距离最小。

$$TD = \sum_{k=1}^{m} \sum_{i=0}^{n} \sum_{j=0}^{n} C_{ijk} X_{ijk} \tag{6-3}$$

约束条件：

$$\sum_{k=1}^{m} \sum_{i=0}^{n} X_{ijk} = 1, \forall j = V \setminus \{0\} \tag{6-4}$$

$$\sum_{k=1}^{m} \sum_{j=0}^{n} X_{ijk} = 1, \forall i = V \setminus \{0\} \tag{6-5}$$

$$\sum_{k=1}^{m} \sum_{i=1}^{n} X_{i0k} = \sum_{k=1}^{m} \sum_{j=1}^{n} X_{0jk} = m \tag{6-6}$$

$$\sum_{i=0}^{n} (d_i \sum_{j=0}^{n} X_{ijk}) \leqslant q_k, \forall k \in K \tag{6-7}$$

$$\sum_{i \in S} \sum_{j \in S} X_{ijk} \geqslant 1, \forall S \subseteq V \setminus \{0\}, |S| \geqslant 2, \forall k \in K \tag{6-8}$$

$$at_i \leqslant 1, \forall i \in V \tag{6-9}$$

$$e_i \leqslant (at_i + wt_i) \leqslant l_i, \forall i \in V \tag{6-10}$$

$$at_i + wt_i + st_i + t_{ij} + (1 - X_{ijk})T \leqslant at_j, \forall i, j \in V, i \neq j, \forall k \in K \tag{6-11}$$

$$at_0 = wt_0 = st_0 = 0 \tag{6-12}$$

$$wt_i = \max\{0, e_i - at_i\}, \forall i \in V \qquad (6\text{-}13)$$

$$at_i \geqslant 0, \forall i \in V \qquad (6\text{-}14)$$

$$wt_i \geqslant 0, \forall i \in V \qquad (6\text{-}15)$$

$$st_i \geqslant 0, \forall i \in V \qquad (6\text{-}16)$$

$$x_{ijk} = 0 \setminus 1, \forall i, j \in V, i \neq j, \forall k \in K \qquad (6\text{-}17)$$

式（6-2）和式（6-3）是目标函数；式（6-4）和（6-5）表示访问单一对应性约束，即每个客户点只能被一辆车服务，并且仅会被服务一次；式（6-6）表示原点约束，即车辆必须从原点出发，完成服务任务后返回原点，这种约束条件也对应封闭式车辆路径问题；式（6-7）表示容积约束；式（6-8）表示针对次回路的消除条件；式（6-9）～式（6-16）表示时间约束，式（6-9）表示车辆到达客户点的最晚时间不能迟于要对客户开始服务的最晚时间约束；式（6-10）表示对客户开始服务的时间必须在最早服务时间和最晚服务时间的数值范围内；式（6-11）表示前驱节点和后继节点之间的关系，其中 T 表示一个充分大的整数；式（6-12）表示对客户点位置的时间参数进行设置；式（6-13）表示对等待的时间进行计算；式（6-17）表示引入决策变量的对应值。

6.3　基于集合编码的带时间窗车辆路径多目标优化算法

6.3.1　算法思想

PSO 用群体中粒子间的合作与竞争产生的群体进行智能指导优化搜索，是一种典型的基于群体智能理论的全局搜索策略，适合解决连续空间的优化问题。它所需确定的参数少，容易实现，但是这种算法收敛到一定精度后无法再继续优化，容易陷入局部最优。

本章考虑时效性的特殊性，研究基于离散微粒群优化算法的智能物流配送方案，以节约运输成本为出发点，在标准微粒群优化算法的框架上引入了基于集合和概率的编码方式和运算符，可将原本适用于连续空间的微粒群算法引入离散组合优化空间，以解决车辆路径调度问题，并且保持传统微粒群算法操作效率高、寻优能力强、鲁棒性强等优势。此外，由于利用了启发式信息构建粒子位置及局部搜索算子的引入，问题本身的特征和数据中蕴含的信息被加以利用，使算法获得一组最优的帕雷托解，该解直接代表问题的解，即以最小化所需运输车辆数和运输路径（通过欧式距离来测量客户之间的距离和所有车辆的总行驶距离）最短为目标，满足所有约束条件，为每个用户服务设计完整路径规划，从而最大化地缩减了物流配送商的运输成本。

6.3.2　种群编码

受文献[135]微粒群算法解决单目标问题启发，HMPSO 采用了基于集合和概率的编码方式，微粒群的搜索空间为车厂和客户节点定义的有向完全图的边集合，粒子的位置为完全图的边集的一个子集，这个子集中的边首尾相连，形成一个有向的汉密尔顿回路，可通过一个基于车载和时间窗约束的解码器得到一组派送路线，即问题的一个可行解；粒子的速度是带概率的边集，速度集合中的边可能被选中构建粒子的新位置，每条边所关联的概率表示该边在位置更新时被选中构建粒子新位置的可能性。

如上所述，带时间窗的车辆路径问题用图论的观点进行描述，问题空间被描述为一张有向完全图，$G = <V, E>$，$V = \{0, 1, 2, \cdots, n\}$ 表示一组节点，节点 0 表示配送中心，$V \setminus \{0\}$ 表示客户点，$E = \{<i, j> | i, j \in V, i \neq j\}$ 是连接着客户 i 到客户 j 的一组弧线的集合，E 的全集代表整个搜索空间，E 中的所有元素被划分成 n 个维度，每个维度代表一个子集，即 $E = E^0 \cup E^1 \cup E^2 \cup \cdots \cup E^n$，$E^i (i = 0, 1, \cdots, n) \in E$。

（1）每个候选解（粒子）X 是 G 的一个子图，也是 E 的一个子集，并且满足 $X \subseteq E$，$X = X^1 \cup X^2 \cup \cdots \cup X^n$，$X^i \subseteq E^i (i = 1, 2, \cdots, n)$。

（2）X 中满足式（6-4）~式（6-17）的所有约束条件的候选解被称为可行解 X'（Pareto 解）。

在 HMPSO 算法中，有向完全图 G 所有弧线的集合 E 被视为鸟群粒子的搜索空间，每个微粒的位移是弧线 E 的一个子集，微粒的速度代表每一条弧线被选中的概率，基于弧集合和概率，微粒的速度位移在 HMPSO 中被重新定义，VRPTW 中每个客户点按照一定时间序列一一得到配送服务，由于考虑到配送过程中的时间因素，弧（m，k）不等同于弧（k，m）。图 6-1 给出了 VRPTW 中解的表示方案的实例。

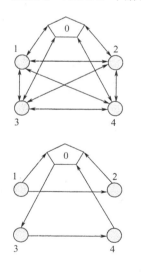

$E = \{(0,1),(0,2),(0,3),(0,4),(1,0),(1,2),(1,3),(1,4),(2,0),(2,1),$
$(2,3),(2,4),(3,0),(3,1),(3,2),(3,4),(4,0),(4,1),(4,2),(4,3)\}$

$E^0 = \{(0,1),(0,2),(0,3),(0,4),(1,0),(2,0),(3,0),(4,0)\}$
$E^1 = \{(1,0),(1,2),(1,3),(1,4),(2,1),(3,1),(4,1),(0,1)\}$
$E^2 = \{(2,0),(2,1),(2,3),(2,4),(1,2),(3,2),(4,2),(0,2)\}$
$E^3 = \{(3,0),(3,1),(3,2),(3,4),(1,4),(2,4),(3,4),(0,3)\}$
$E^4 = \{(4,0),(4,1),(4,2),(4,3),(1,4),(2,4),(3,4),(0,4)\}$

$X = \{(0,3),(3,4),(4,0),(0,1),(1,2),(2,0)\}$
$X^0 = \{(0,3),(4,0),(0,1),(2,0)\}$
$X^1 = \{(0,1),(1,2)\}$
$X^2 = \{(1,2),(2,0)\}$
$X^3 = \{(0,3),(3,4)\}$
$X^4 = \{(3,4),(4,0)\}$

图 6-1　VRPTW 解表示方案

6.3.3　初始化种群

为了提高搜索速度，在产生初始种群时要求所有的粒子编码矢量必须映射为满足所有约束条件的可行解。初始化阶段，粒子的速度被随机赋值。粒子位置的初始化采用两种方式：一部分采用启发式贪婪算法生成，一部分采用随机方式生成。启发式生成采用的是以时间为主导选择更优节点的 FIH 方法，在所有可选择的客户集合中，找到与 k "最近" 的客户 m，建立每个节点的启发式信息矩阵，每两个节点的 "最近" 启发式信息根据式（6-18）计算得到。

$$\text{heuristic}_{km} = \max\{(\text{curtime} + t_{km} + wt_m), e_m\} - \text{curtime} \tag{6-18}$$

该启发式信息表示从当前客户 k 出发到能为下一个客户 m 开始服务所需的时间，wt_m 表示车辆在节点 m 的等待时间，t_{km} 表示两个节点 (k, m) 间的行驶时间，其中 e_m 表示客户 m 开始服务的最早时间，curtime 表示为当前系统时间。

$$X_i = \begin{cases} \text{FIH}(), \text{if } \text{rand} < \varphi \\ \text{Random}(), \text{otherwise} \end{cases} \tag{6-19}$$

式中，rand 是服从[0，1]均匀分布的随机数，φ 是设置的一个初始概率阈值，粒子根据式（6-19）进行初始化。这个过程直到所有客户都被安排为止，得到所有的路径规划方案。种群初始化过程如图 6-2 所示。

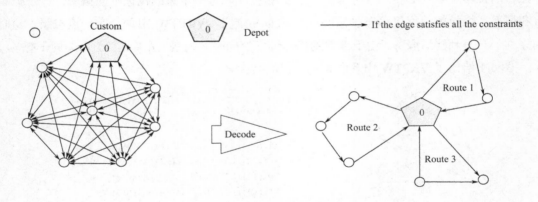

图 6-2　种群初始化过程

6.3.4　粒子更新

针对具体问题中的客户个数 n，HMPSO 中利用 n 个个体（候选解）去搜索帕雷托最优解，每个粒子对应的位置矢量表示为 $X_i = [x_i^0, x_i^1, \cdots, x_i^n]$，$X$ 将设置成 n 个维度，X 的每个维度表示为 $x_i^d = [(m, d), (d, k)], m, d \in \{0, 1, \cdots, d-1, d+1, n\}, m \neq k$。

其中，种群中每个个体 X_i 代表一个可行解（车辆配送路径规划），它包含一个或多个有向的汉密尔顿回路，即包含多条路线，每一条路线需要安排一辆车。x_i^d 是由客户 d 所连接的两条弧线组成的，n 是总维数（客户总数）；d 表示当前维数索引，m 是客户 t 的前序节点，即在客户 t 之前服务的客户；k 是客户 t 的后序节点，即在客户 t 之后服务的客户。

伴随着位置矢量，对应的速度矢量表示为

$$V_i = [v_i^0, v_i^1, ..., v_i^n], \quad V_i^d = \left\{ <x,y> / p(x,y) \middle| (x,y) \in W^d \right\}$$

W^d 是在完全图中与 j 节点相连的所有弧的集合，(x,y) 是 W^d 中的一条弧线，$p(x,y)$ 是弧 (x,y) 被选择的概率，如果 $p(x,y) = 0$，则省略 V_i^d 项，说明路径规划中不经过该路线。

1. 速度更新

VRPTW 的问题空间通常事先未知并且相当复杂，为了避免算法"早熟"，HMPSO 借鉴 CLPSO 中的综合学习策略，种群中每个粒子的每一维均以 pc 的概率向外部存档中的非支配解集学习，采用式（6-20）、式（6-21）对粒子的速度进行更新，但并非使用传统的算子，而是在基于集合与概率的基础上对各算子进行了重新定义，如式（6-22）～式（6-25）所示。

$$V_i^d = w \times V_i^d + c \times \text{rand}_i^d \times \left(\text{Archive}_{f_i(d)}^d - X_i^d \right) \tag{6-20}$$

$$pc_i = 0.05 + 0.45 \times \frac{\exp(\frac{10(i-1)}{A-1}) - 1}{\exp(10) - 1}, f_i^d = \left\lceil \text{rand}_i^d \times A \right\rceil \tag{6-21}$$

式中，Archive 为外部存档中的非支配解集合，A 为非支配解的个数，它与种群规模数相等。

速度更新公式中的运算符是建立在集合和概率的基础上的，"常数×速度"运算符和"速度+速度"运算符定义为速度集合中边的概率的改变；"位置-位置"运算符定义为边集的减操作；"常数×位置"运算符定义为将边集转化为带概率的边集。

$$c \times \text{rand} \times V_i^d = \left\{ (x,y) / p'(x,y) \middle| (x,y) \in W^d \right\}$$
$$p'(x,y) = \begin{cases} 1, & \text{if} \quad c \times \text{rand} \times p(x,y) > 1 \\ c \times \text{rand} \times p(x,y), & \text{otherwise} \end{cases} \tag{6-22}$$

$$V_i^d + V_j^d = \left\{ (x,y) / \max(p_i(x,y), p_j(x,y)) \middle| (x,y) \in W^d \right\} \tag{6-23}$$

$$X_i^d - X_j^d = T^d = \left\{ (x,y) \middle| (x,y) \in X_i^d \text{ and } \middle| (x,y) \notin X_j^d \right\} \tag{6-24}$$

$$c \times \text{rand} \times T^d = \left\{ (x,y) / p'(x,y) \middle| (x,y) \in E^d \right\}$$
$$p'(x,y) = \begin{cases} 1, & \text{if} \quad e \in T^d \text{ and } c > 1 \\ c \times \text{rand}, & \text{if} \quad e \in T^d \text{ and } 1 \geqslant c \times \text{rand} \geqslant 0 \\ 0, & \text{if} \quad e \notin T^d \end{cases} \tag{6-25}$$

下面通过一个实例来说明上面的速度更新运算符的定义。例如，

$$V_i^1 = \left\{ \langle 2,3 \rangle / 0.5, \langle 2,4 \rangle / 0.2, \langle 4,2 \rangle / 0.3 \right\},$$

$$X_i^1 = \left\{ \langle 5,2 \rangle, \langle 2,3 \rangle \right\},$$

$$\mathrm{Arc}_{f_{i(1)}}^1 = \left\{ \langle 4,2 \rangle, \langle 2,3 \rangle \right\},$$

$$w = 0.6,$$

$$c = 2.0,$$

$$\mathrm{rand}^1 = 0.4,$$

$$w \times V_i^1 = \left\{ \langle 2,3 \rangle / 0.3, \langle 2,4 \rangle / 0.12, \langle 4,2 \rangle / 0.18 \right\},$$

$$\mathrm{Arc}_{f_{i(1)}}^1 - X_i^1 = \left\{ \langle 4,2 \rangle \right\},$$

$$c \times \mathrm{rand}^1 \times \left(\mathrm{Arc}_{f_{i(1)}}^1 - X_i^1 \right) = \left\{ \langle 4,2 \rangle / 0.8 \right\},$$

$$V_i^1 = w \times V_i^1 + c \times \mathrm{rand}^1 \times \left(\mathrm{Arc}_{f_{i(1)}}^1 - X_i^1 \right) = \left\{ \langle 2,3 \rangle / 0.35, \langle 2,4 \rangle / 0.14, \langle 4,2 \rangle / 0.8 \right\}。$$

2. 位移更新

粒子的位置更新是构建性的，构建粒子位置的边的选择来自于 3 个集合：粒子的当前速度集、粒子的当前位置集、完全图边集，优先集依次降低；在同等优先级的集合中，靠启发式信息贪婪选择时间最小的边。位移更新过程如图 6-3 所示。

```
Procedure  X_i = X_i + V_i
(X_i)' = Φ; x = 0; t = 0;
S_V = {y | < x, y >∈ V_i, < x, y > 满足所有约束条件};
S_X = {y | < x, y >∈ X_i, < x, y > 满足所有约束条件};
S_E = {y | < x, y >∈ E, < x, y > 满足所有约束条件};
While( X_i )没有完全构建完
If  S_V ≠ Φ
   Select m in  S_V ,  add < t, y > to  (X_i)'; x = m; t = y;
    Update  S_V ,  S_X and S_E
ENN  IF
   ELSE   IF   S_X ≠ Φ
Select m in  S_X ,  add < t, y > to  (X_i)'; x = m; t = y;
    Update  S_V ,  S_X and S_E
ENN  IF
   ELSE   IF S_E ≠ Φ
Select m in  S_E ,  add < t, y > to  (X_i)'; x = m; t = y;
    Update  S_V ,  S_X and S_E
   ELSE   x = 0
Update  S_V ,  S_X and S_E ;
END  IF
END WHILE
(X_i) = (X_i)'
END Procedure
```

图 6-3　位移更新过程

6.3.5　局部搜索策略

对配送优化的目标界定：一是使所用车辆数目最少，二是使所用车辆总行驶时间（以距离表示）最少。其中，第一目标高于第二目标，因为多一辆车的成本远远大于其总行驶距离缩短节省的成本，局部搜索算子是为了进一步缩小车辆数量，提高算法的收敛速度而设计的。在每个位置更新后，选择经过客户数最少的汽车行驶路线，将由它负责的所有客户尝试插入到其余汽车的路线中，插入前提是不影响其余客户的原本服务时间，且满足时间窗和车载约束；如果某汽车经过的客户均能被插入到其余汽车周游路线中进行服务，则删除该条路线，原理如图6-4所示。

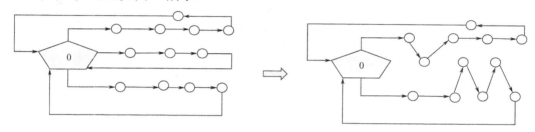

图 6-4　局部搜索算子原理

局部搜索算子伪代码描述如下。

Step1：选择一个非支配解X_i，选择客户数最少的路线R。

Step2：将R中的客户分解，任意选择其他多条线路。

Step3：在满足所有约束的前提下，判断R中所有的客户是否都插入到其他路线中，若否，则执行Step1；若是，则执行Step4。

Step4：判断X_i是否为非支配解，若否，则执行Step1；若是，则执行Step5。

Step5：更新非支配解集合，删除路线R中所有的客户节点。

6.3.6　算法描述

由于物流配送中带时间窗的车辆路径规划问题的复杂性和特殊性，这里提出一种基于混合多目标离散微粒群优化算法的调度方案，HMPSO应用微粒群优化算法为主要框架，基于集合和概率的编码方式和运算符，对带车载和时间约束的车辆路径问题进行求解，HMPSO算法描述如下。

Step1：为粒子的速度和位置赋初值，建立每个节点的启发式信息矩阵，为每辆车分派需要服务的用户节点。

Step2：根据7.3.4的算法描述，对每个粒子进行速度更新、位置更新。

Step3：根据7.3.5的算法描述，对帕雷托解集进行局部搜索策略。

Step4：更新非支配解集，如果不满足停止条件，则返回Step2继续优化种群。

Step5：终止整个算法并得到帕雷托最优解。

Step6：输出帕雷托最优解集，即可得到所有车辆服务路线。

6.4 实验仿真与结果分析

6.4.1 测试问题

本章实验平台为 MATLAB 7.6，计算机为 Dell Vostro，Pentium Dual-Core CPU E5400，主频为 2.70GHz，内存为 2GB，使用 Microsoft Windows XP 操作系统。实验采用 Solomon 解决 VRPTW 提出的测试基准问题，该问题包含 56 个数据集，C1、C2、R1、R2、RC1、RC2 六类问题，这些测试问题包含 100 个客户点，具有固定的车辆数和车辆装载能力限制，客户节点之间的距离定义为欧几里得距离。参数设置如下。

（1）种群规模 n=30。

（2）迭代总次数 G= 1000。

（3）加速因子 c=2。

（4）速度惯性权重 $w = 0.9 - G_{current} \times 0.7 / G$。

（5）外部存档规模 A=30。

6.4.2 性能评价指标

1. 超体积：Hyper-Volume（HV）

在理想帕雷托前端未知的情况下，超体积指标是一种衡量多目标优化方法求解质量的综合性指标[85]。超体积指标能够较为客观地评价算法获得帕雷托前端的收敛性、宽广性和均匀性。超体积指标计算帕雷托前端与目标空间参考点围成的超体积，其定义如下。

$$HV = \text{volume}(\bigcup_{i=1}^{N_{PF}} v_i) \tag{6-26}$$

式中，N_{PF} 为求得帕雷托前端上解的数目，v_i 表示第 i 个帕雷托最优解和参考点围成的超体积。对于以目标函数最小化为优化任务的两目标优化问题而言，超体积的值越大，说明帕雷托前端的收敛性、宽广性和均匀性越好。参考点坐标为每一维分别是两个目标函数可能出现的最大取值。

2. SC 测度：Set Coverage (SC)[137]

假设 X'、$X'' \subseteq X$ 是目标空间中的两个非劣解集。函数 SC 定义如下。

$$SC(X', X'') = \frac{a'' \in X''; \exists a' \in X' : a' \triangleright a''}{|X''|} \tag{6-27}$$

式中，$SC(X', X'') = 1$ 表示集合 X'' 中的所有解均劣于集合 X' 中的解。该测度的缺点是不能度量帕雷托前端的均匀性和宽广性。

3．SM 测度：Spacing Metric(SM)[138]

SM 是度量帕雷托前端均匀性的参数，对于目标空间 X 中的非劣解集 X'，有

$$SM = \sqrt{\frac{1}{|X'-1|}\sum_{i=1}^{|X'|}(\bar{d} - d_i)^2} \tag{6-28}$$

式中，$d_i = \min_j \left\{\sum_{k=1}^{p}\left|f_k(x_i) - f_k(x_j)\right|\right\}, x_i, x_j \in X', i, j = 1, ... |X'|$，$\bar{d}$ 表示 d_i 的平均值，p 为目标函数的个数。SM 越小，帕雷托前端的均匀分布越好。该测度的缺点在于不能描述非劣解集 X' 与理想帕雷托前端的逼近程度。

从以上定义可知，第二种度量指标能够显示出两种算法得到的有效解集之间的支配关系，第三个指标能够显示出算法得到的有效解集在目标空间中的分布情况。一般情况下，可将两者混合起来进行算法性能的评价。

6.4.3 实验结果

本实验选取了多种算法，通过国际通用的 Solomon 问题库（网址为 http://www.idsia.ch/~luea/macs-vrptw/problems/weleome.htm）中的 56 个算例进行分析，表 6-1 选取了不同文献中针对这些算例得到的最优值与 HMPSO 的结果进行了比较。

表 6-1　不同算法计算结果比较

Data Set	Best-known Result			This Work（HMPSO）	
				Non-dominated Solutions	
	NV	TD	Source	NV	TD
C101	10	828.94	B. Ombuki　et al.(2006) [139]	10	828.78
C102	10	828.94	B. Ombuki　et al.(2006)	10	**827.32**
C103	10	828.06	B. Ombuki　et al.(2006)	10	**826.06**
C104	10	824.78	B. Ombuki　et al.(2006)	10	**822.99**
C105	10	828.94	B. Ombuki　et al.(2006)	10	828.94
C106	10	828.94	B. Ombuki　et al.(2006)	10	**826.82**
C107	10	828.94	B. Ombuki　et al.(2006)	10	**826.82**
C108	10	828.94	B. Ombuki　et al.(2006)	10	**826.82**
C109	10	828.94	B. Yu　et al.(2011) [140]	10	**826.82**
C201	3	591.58	B. Yu　et al.(2011)	3	589.58
C202	3	591.56	B. Yu　et al.(2011) [141]	3	589.56
C203	3	593.25	H. Li，et al.(2003)	3	**591.17**
C204	3	595.55	B. Yu　et al.(2011)	3	**590.6**
C205	3	588.88	B. Yu　et al.(2011)	3	588.88
C206	3	588.49	B. Yu　et al.(2011)	3	588.49
C207	3	588.88	B. Yu　et al.(2011)	3	588.49
C208	3	588.03	K. C. Tan，K. C et al. (2006) [143]	3	588.03

Data Set	Best-known Result			This Work（HMPSO）	
	NV	TD	Source	Non-dominated Solutions	
				NV	TD
R101	19	1677	K. Ghoseiri . (2010) [143]	19	**1655.23**
R102	18	1491.18	K. Ghoseiri (2010)	17	1453
R103	13	1175.67	K. C. Tan et al. (2006)	14	1243.22
R104	10	974.2	K. C. Tan et al. (2006)	10	979.21
R105	15	1346.12	B. Kallehauge. (2006) [144]	16	1354.72
R106	13	1265.36	B. Yu et al. (2011)	13	**1234.6**
R107	11	1051.84	B. Kallehauge. (2006)	11	1101.25
R108	10	954.03	K. C. Tan C et al. (2006)	9	960.78
R109	12	1101.99	B. Yu et al. (2011)	12	**1032.23**
R110	11	1112.21	B. Ombuki et al.(2006)	11	**1110.64**
R111	10	1096.72	B. Ombuki et al.(2006)	10	**1045.29**
R112	10	976.99	B. Ombuki et al.(2006)	10	**953.26**
R201	7	1214.22	B. Yu et al.(2011)	8	**1199.75**
R202	5	1105.2	B. Yu et al.(2011)	6	**1077.66**
R203	4	960.14	B. Yu et al.(2011)	5	**938.48**
R204	3	789.72	K. C. Tan et al. (2006)	3	**784.53**
R205	3	994.42	B. Ombuki et al.(2006)	3	**954.68**
R206	4	1050.26	B. Yu et al.(2011)	3	1104
R207	4	870.33	B. Yu et al.(2011)	3	**814.78**
R208	3	777.72	B. Yu et al.(2011)	2	**731.24**
R209	3	934.21	B. Yu et al.(2011)	3	**855**
R210	3	954.12	R. Bent et al. (2004) [145]	5	**949.24**
R211	2	892.71	J. Berger et al. (2004) [146]	4	**886.46**
RC101	14	1650.14	B. Yu et al.(2011)	15	1623.53
RC102	13	1470.26	K. C. Tan et al. (2006)	13	1497.4
RC103	11	1277.11	B. Yu et al.(2011)	12	**1196.34**
RC104	10	1159.37	B. Yu et al.(2011)	10	**1135.48**
RC105	16	1590.25	B. Ombuki et al.(2006)	15	1627.43
RC106	13	1371.69	K. C. Tan et al. (2006)	13	1383.65
RC107	11	1222.16	K. C. Tan et al. (2006)	11	1291.6
RC108	11	1133.9	K. C. Tan et al. (2006)	11	1142.73
RC201	6	1134.91	K. C. Tan et al. (2006)	5	1301.45
RC202	5	1130.53	K. C. Tan et al. (2006)	5	1164.98
RC203	4	1026.61	K. C. Tan et al. (2006)	6	1054.22
RC204	3	799.12	K. C. Tan et al. (2006)	4	**789.43**
RC205	5	1295.46	K. C. Tan et al. (2006)	5	1327.82
RC206	4	1139.55	B. Ombuki et al.(2006)	5	**1119.5**
RC207	4	1040.67	K. C. Tan et al. (2006)	4	1083.4
RC208	3	829.69	B. Ombuki et al.(2006)	3	857.43

表 6-2 显示了 5 种不同算法解决 6 类问题得到的平均车辆数目及平均行驶距离。例如，对于 C1 类，CMPSO 方法解决 C101～C109 所周游的总距离是 10826.86，所使用的总车辆是 90，那么得到的平均距离是 826.86，平均使用车辆数是 10。结果表明，HMPSO 在 Solomon's 56 数据集上表现出非常优秀的结果。表 6-3 表明 HMPSO 较其他算法获得帕雷托前端具有更好的收敛性、宽广性和均匀性。

表 6-2 不同算法多目标结果比较

Data Set		J. Berger et al. (2004)	K. C. Tan et al. (2006)	B. Yu et al.(2011)	K. Ghoseiri et al. (2010)	R. Bent et al. (2004)	HMPSO
C1	NV	10	10	10	10	10	**10**
	TD	828.38	832.13	841.92	828.45	827.00	**826.86**
C2	NV	3	3	3.3	3	3	**3**
	TD	589.86	589.86	612.75	591.48	590.00	**589.35**
R1	NV	12	12.16	13.1	13.6	12.92	12.7
	TD	1217.73	1211.55	1213.16	1247.75	1187.00	**1176.95**
R2	NV	2.73	3	4.6	3.76	3.51	4.09
	TD	967.75	1001.12	952.3	1044.88	951.00	**911.34**
RC1	NV	11.63	12.25	12.7	13.24	12.74	12.5
	TD	1382.42	1418.77	1415.62	1414.81	1355.0	**1362.27**
RC2	NV	3.25	3.37	5.6	3.95	4.25	4.75
	TD	1129.19	1170.93	1120.37	1193.06	1067.00	**1094.65**

表 6-3 不同算法 Hyper-Volum 指标结果比较

Data Set	Type C1	Type C2	Type R1	Type R2	Type RC1	Type RC2	AVG
K. C. Tan et al. (2006) HMOEA	0.079	0.067	0.070	0.083	0.076	0.084	0.0765
B. Yu et al.(2011) ACO-N	0.080	0.070	0.072	0.053	0.081	0.076	0.072
K. Ghoseiri et al. (2010) MGPGA	0.078	0.069	0.064	0.081	0.073	0.081	0.074
HMPSO	0.077	0.064	0.062	0.044	0.033	0.054	0.055

表 6-4 给出了不同算法计算 SC 的结果，HMPSO (SC =0.6)在 R1 问题上优于 HMOEA (SC= 0.49)、ACO-N (SC= 0.52)和 MGPGA (SC=0.51)；在 RC1 与 RC2 问题上，最优解的质量明显优于其他算法。

表 6-5 给出了不同算法计算 SM 的结果，HMPSO 获得的 SM 为 0.28，优于其他算法获得的解，这表明在多数问题上 HMPSO 获得的帕雷托最优解集中分布于帕雷托前沿面。

表 6-4　不同算法 Set Coverage 指标比较

Data Set	K. C. Tan et al. (2006) HMOEA			B. Yu et al.(2011) ACO-N			K. Ghoseiri et al. (2010) MGPGA			HMPSO		
Algorithm	Type R1	Type R2	Type C1	Type R1	Type R2	Type C1	Type R1	Type R2	Type C1	Type R1	Type R2	Type C1
HMOEA				0.51	0.27	0.53	0.46	0.50	0.62	0.81	0.59	0.51
ACO-N	0.56	0.73	0.49				0.54	0.70	0.56	0.52	0.44	0.50
MGPGA	0.64	0.52	0.38	0.58	0.32	0.44				0.48	0.55	0.71
HMPSO	0.27	0.43	0.49	0.48	0.64	0.57	0.52	0.45	0.29			
AVG	0.49	0.56	0.45	0.52	0.41	0.51	0.51	0.55	0.49	0.60	0.53	0.57
Data Set	K. C. Tan et al. (2006) HMOEA			B. Yu et al.(2011) ACO-N			K. Ghoseiri et al. (2010) MGPGA			HMPSO		
Algorithm	Type C2	Type RC1	Type RC2	Type C2	Type RC1	Type RC2	Type C2	Type RC1	Type RC2	Type C2	Type RC1	Type RC2
HMOEA				0.41	0.43	0.73	0.53	0.30	0.51	0.60	0.73	0.55
ACO-N	0.66	0.57	0.23				0.26	0.59	0.44	0.64	0.73	0.84
MGPGA	0.49	0.70	0.42	0.74	0.44	0.59				0.45	0.76	0.69
HMPSO	0.42	0.39	0.52	0.40	0.27	0.16	0.63	0.24	0.31			
AVG	0.52	0.55	0.39	0.52	0.38	0.49	0.47	0.38	0.42	0.56	0.74	0.69

表 6-5　不同算法 Spacing Metric 指标比较

Data Set	Type R1	Type R2	Type C1	Type C2	Type RC1	Type RC1	AVG
K. C. Tan et al. (2006) HMOEA	0.84	0.73	0.87	0.85	0.67	0.69	0.78
B. Yu et al.(2011) ACO-N	0.67	0.57	0.79	0.72	0.53	0.51	0.63
K. Ghoseiri et al. 2010) GPGA	0.54	0.48	0.6	0.43	0.27	0.32	0.44
HMPSO	0.28	0.32	0.39	0.27	0.16	0.26	0.28

　　从数值仿真结果中也可以看出，车辆路径优化问题多目标模型和单目标模型的求解算法在性质上有很大不同。在单目标求解模型中，得到了一个唯一最优决策解；但是多目标优化求解模型中，得到的优化求解结果是一个决策解集。在这个解集中，包含的每一个帕雷托最优解都可以看做一个能够被接受的"满意解"。多目标下的车辆路径优化问题研究的焦点不再集中于得到一个普遍适用的唯一值，而是得到一组令人满意的决策值，这将具有更好的适应性，有利于决策者做出更好的决策。

6.4.4 实例分析

上海衣联批发是一家中低档批发中心，主要为上海周边零售点提供补货配货、流通加工服务。各客户的需求量和服务时间及每项任务开始执行的时间范围$[ET_i, LT_i]$由表 6-6 和表 6-7 给出。为进一步验证 HMPSO 的性能，本节根据上述模型制定了其车辆调度方案，选用最为普遍的 NSGA-II、ACO-N 两种算法做比较，参数分别按照文献[107]、[140]进行设置。

根据各门店对时间的敏感程度假设本模型车辆载货时从门店 i 到门店 j 的单位运输成本为 1，车速为 50km/h，超出时间窗的惩罚为 60 元/h。

表 6-6　各客户点需求、服务时间及时间窗（一）

客户号	1	2	3	4	5	6	7	8
需求量/t	2	2.5	4.5	3	1.5	4	2.5	3
服务时间 T_i	1	3	1	3	2	2.5	2	0.8
$[ET_i, LT_i]$	1，4	5，8	1，2	4，7	3，5.5	2，5	4，6	1.5，4

表 6-7　各客户点需求、服务时间及时间窗（二）

	0	1	2	3	4	5	6	7	8
0	0	40	60	75	90	200	100	60	80
1	40	0	65	40	100	50	75	65	100
2	60	65	0	75	100	100	75	75	75
3	75	40	75	0	100	50	90	100	150
4	90	100	100	100	0	100	75	100	100
5	200	50	100	50	100	0	70	75	75
6	100	75	75	90	75	70	0	70	100
7	160	110	75	90	75	90	70	0	100
8	80	100	75	150	100	75	100	75	0

从表 6-8 中可以看出，使用提出的 HMPSO 算法得出的结果优于其他 3 种方法得出的结果，而通过 NSGA-II 及 ACO-N 计算出的结果却不如人工经验调度所得的结果。一般通过人工经验得出的结果存在很多主观因素，因为不同的调度员会得出不同的结果，而 NSGA-II 的求解原理是在解空间中找出满意解，求解结果对初始参数的设置依赖性较大，不仅计算时间长，并且复杂度很高，这种算法适用于一些大规模并且情况比较复杂（如多配送中心、多车型配送等）的车辆调度。企业的配送大多是小型的配送，如果使用遗传算法进行车辆调度方案的制定，则对于这样的小企业来说得不偿失。而 HMPSO 算法原理简单，计算速度较快，得出的结果能最大程度地接近最优解。从表 6-8 可以看出，使用 HMPSO

算法求得的结果在配送总行程、配送总时间等传统的目标上要优于其他 3 种算法。

表 6-8　3 种算法计算结果的比较

算法	车辆数	总行程/km	路　径	运行时间/s	行驶时间/h
HMPSO	3	845	(0, 6, 2, 7, 0), (0, 8, 5, 4, 0), (0, 3, 1, 0)	78	16.9
NSGA-II	3	965	(0, 8, 5, 2, 0), (0, 3, 1, 7, 0), (0, 6, 4, 0)	194	19.3
ACO-N	3	910	(0, 8, 5, 7, 0), (0, 3, 1, 2, 0), (0, 6, 4, 0)	278	18.2
经验调度	3	900	(0, 6, 2, 7, 0), (0, 8, 5, 4, 0), (0, 3, 1, 0)		18

6.5　小结

　　本章针对时效性物流配送中带时间窗的车辆路径规划问题的复杂性和特殊性，提出了一种基于集合编码的多目标离散微粒群优化算法，HMPSO 应用微粒群优化算法为主要框架，基于集合和概率的编码方式和运算符，以最少车辆数和最少运输距离为目标，对带时间窗的车辆路径问题进行求解，并进行仿真实验比较分析，结果表明对降低物流配送成本、提高物流配送效率具有较好的实用价值。

第7章 低碳供应链选址—路径—库存集成优化模型及算法

7.1 引言

近年来，由于企业产品数量的增多和目标市场的扩大，供应链网络不断延伸且日趋复杂，为此，企业供应链网络中的选址—路径—库存集成问题（Combined Location—Inventory—Routing Problem，CLIRP）成为国内外理论界和企业界高度关注的课题，尤其在全球范围内的减排趋势日臻严峻的当下，企业供应链网络中考虑低碳化的选址—路径—库存集成问题更成为挑战性的课题。

选址—路径—库存集成问题是多要素的综合集成，相对于其他层面的研究更具有复杂性，其绩效和结果也更优越，这一问题集成了企业战略、战术和运作 3 个层面的决策，是国内外研究的热点问题。Erlebacher 等[147]提出了一个非线性的选址—库存整数规划模型，并运用连续逼近的界限试探和交换试探方法对问题进行求解，并给出了问题的近似最优解；Shen 等[148]提出的目标函数中不仅包含选址—路径—库存集成问题的全部成本，并认为战略、战术和运作层面间是不可分割的，需要一个集成的方法来避免局部最优而非全局最优的问题，该方法与 Erlebacher 等的研究相比，可显著地节约成本，但该模型仅优化了选址—库存成本，并未给出运输决策；Javid 等[149]在 Shen 等研究的基础之上，提出了同时优化选址、配送、库存和路径决策的方法，并将该问题转化为混合凸整数规划，采用基于禁忌搜索和模拟退火的两阶段启发式算法改进解的空间，相比于文献[147]可以获得更多的供应链节约成本。基于国际上的前沿研究，国内学者也开展了拓展性研究，如崔广彬等[150]将该问题延伸到 DC 需求为模糊状态下的选址—库存—路径决策制定；蔡洪文等[151]研究了供应链生产—定位—路径问题的集成优化，并通过 Lagrange 松弛分解法来分解大规模、大系统的混合整数规划问题。上述研究表明，通过战略、战术和运作层面间的动态联合决策，可在保证决策准确性的同时，兼顾供应链的灵活性和柔性。

将碳排放问题与选址—路径—库存集成问题相融合的研究，在国际上刚刚起步。Diabat 等[152]将碳配额作为供应链系统成本的约束条件，提出了碳约束下的设施选址模型；Figliozzi[153]以俄勒冈州波特兰市城市配送系统为例，以运输距离和时间及运输工具使用量最小为目标函数，研究了拥堵对交通运输中 CO_2 排放量的影响；Wygonik 等[154]以城市配送系统为例，研究了决策者在 CO_2 排放量、成本和服务质量因素之间的权衡，认为 CO_2 排放量和成本之间并不完全悖反，两个指标在一定范围内的趋势具有一致性，但与服务水平间存在悖反；Hua Cuowei[155]等在经典的 EOQ 模型中加入了碳排放因素，研究了库存管理过程中碳排放对决策的影响；Wang Fan 等[156]提出了在供应链网络设计中建立总成本和环境成本的双目标函数，并且根据减排的强度确定设施选址和运输模式的选择；Giarola 等[157]研究了碳交易影响下的生产供应链设计问题，通过对运输和碳排放影响的综合建模，大大降低了温室气体的排放。

综上所述，目前对供应链运作与优化中的碳排放问题研究存在以下 3 方面的不足。

首先，由于同步整合 3 个不同层次决策的复杂性，现有文献通常只探讨两个层次的决策，即针对选址—路径或库存中的某一阶段或任意两阶段进行研究。

其次，现有文献对碳排放量的研究主要基于历史统计数据，而没有给出科学合理的推导过程。

最后，研究过程中或者直接使用碳配额作为约束条件，或者通过转化技术，将碳排放量转变为碳排放成本，而忽略了现实中存在政策性碳排放配额的情景。

企业供应链网络中的低碳化目标，可以从参与"政府政策决策，采用新科技和优化运作流程" 3 个方式实现，基于此，本章从"优化运作流程"途径，考虑碳排放约束，以多工厂、多潜在区域配送中心（RDC）和多顾客（CZ）的选址—路径—库存集成问题优化模型与算法研究对象，在产供销一体化大型企业集团的实际运作背景下，探讨同步整合 3 个不同层次的决策方法。

从产供销一体化的大型企业角度，将产品或货物在多个供应商、多个配送中心和多个分销商的多源选址、路径和库存问题与减少碳排放问题进行整合，通过设施合理布局、网络设计优化的建模方法，并考虑在设施建设、网络运输和库存运转过程中的碳排放因素，设计了兼顾成本效益和环境效益的物流系统最优网络，并建立了一个多目标优化模型。通过构建考虑碳排放约束的多源 CLRIP 模型，努力促使整个供应链系统达到经济效益和环境效益整体最优的目的。

（1）根据所描述的低碳化多源 CLRIP 问题，本章构建的低碳化多源 CLRIP 模型需要考虑以下几个方面的决策。

① 位置选择：在潜在配送中心中选择待建配送中心位置。

② 分销商选择：分销商选择哪一个或哪几个已经建立的配送中心。

③ 路径分配：对供应链网络的路径进行分配选择，并分配相应的运输量，即从工厂到配送中心和配送中心到分销商的路径、运输量分配问题。

④ 库存问题：考虑相应的平均库存和安全库存。

⑤ 碳排放问题：碳排放惩罚与经济成本权衡问题。

（2）根据供应链的现实情况和环境政策的要求，构建的低碳化多源 CLRIP 模型需要考虑以下几个因素。

过程运作规划因素：

① 分销商的预期需求。

② 潜在的配送中心设施地点。

③ 工厂的最大生产能力。

④ 配送中心最大容量。

经济因素：

① 直接费用参数，如设施建设、运输和库存成本。

② 温室气体排放惩罚成本。

环境因素：

① 碳限额（允许最大自由排放量）。

② 产品配送的环境干预（包括温室气体排放量）。

③ 设施建设和库存管理的环境干预。

7.2 考虑碳排放的 CLIRP 模型

7.2.1 问题描述及假设

以产供销一体化大型企业集团的选址—路径—库存问题为背景，涉及生产商（Suppliers，S）、潜在配送中心（Distribution Center，DC）和分销商（Customer Zones，CZ）的三层生产—运输/配送—库存系统，如图 7-1 所示。考虑从产能不同的工厂 S（S 表示工厂的集合，$s=1, 2, \cdots, Supn$），通过容量不同的配送中心 DC J（J 表示 DC 的集合，$j=1, 2, \cdots, DC_n$）向需求不同的分销商 CZ I（I 表示 CZ 的集合，$i=1, 2, \cdots, CZ_n$）运输/配送产品的问题，通过对生产商、潜在配送中心和分销商的运输/配送线路与订货量，潜在配送中心的选址与库存数量的科学决策，给出同时考虑环境因素和经济因素的选址—路径—库存集成问题的优化决策方案。基本假设如下。

（1）工厂 S 的地点和规模是确定的，DC_j 可以从多个潜在 DC 中选择，DC_i 的需求服从随机分布。

（2）供应链网络中的碳排放来自于工厂-DC-CZ 的运输/配送碳排放、DC 选址碳排放量及 CZ 库存碳排放。

（3）在考虑碳排放污染时，只考虑 CO_2 部分。

（4）DC 和 CZ 的需求只能由同一辆车满足，且每条巡回路径上只有一辆车，每辆车的最大运载能力相等，每辆车完成配送任务后返回 DC。

（5）每个分销商可由多个配送中心供货。

（6）每个配送中心可由多个工厂供货。

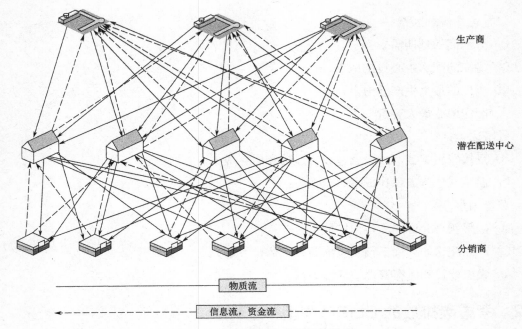

生产商

潜在配送中心

分销商

物质流

信息流，资金流

图 7-1　多级供应链分销网络模型

7.2.2　模型构建

1．模型参数符号及变量定义

（1）模型的参数。

S：表示生产商的集合。

J：表示潜在配送中心的集合。

I：表示分销商的集合。

V：运输车辆集合，$v=1,2,\cdots,V_{eh}$。

u_i：分销商 i 的年需求量。

Q_j：配送中心 j 每次的订货量。

N_i：分销商 i 每次的订货量。

w_j：配送中心 j 的单位产品库存持有成本。

α：允许缺货的概率，$1-\alpha$ 为相应的服务水平。

Z_α：安全库存系数。

L：订货提前期。

u_j：分销商 j 周期内的平均需求。

σ_j：分销商 j 周期内的需求标准差。

d_{sj}：工厂 s 到 DC_j 的运输距离，$s\in S,j\in J$。

d_{ei}：节点 e 到节点 i 的运输距离，$\forall e\in(I\bigcup J),i\in I$。

c_{sj}：工厂 s 运送单位产品至 DC_j 的单位运输费用。

h_{ji}：DC_j配送单位产品至CZ_i的单位配送费用。

g_j：开办潜在配送中心的固定成本。

$C_{\max}$：供应链碳排放额度。

θ：碳排放限额惩罚因子。

（2）决策变量。

x_{sj}：表示从工厂s运送至潜在配送中心DC_j的产品数量。

y_{ji}：表示潜在配送中心j运送至分销商i的产品数量。

$$U_j^n \begin{cases} 1 & \text{开办 } DC_j \text{ 以容量}n\text{开放，以工厂}s\text{来满足} \\ 0 & \text{否则} \end{cases} \quad j \in J$$

$$R_{ji} \begin{cases} 1 & \text{开办}CZ_i \text{的需求由}DC_j\text{来满足} \\ 0 & \text{否则} \end{cases} \quad i \in I, \ j \in J$$

$$q_{eiv} \begin{cases} 1 & \text{选择车辆}v\text{从节点}e\text{开出后开向节点}i \\ 0 & \text{否则} \end{cases} \quad \forall e \in (I \bigcup J), \ i \in I$$

碳排放限额系数是指为了使全球温室气体保持在一个稳定的水平，某一国家或企业被要求减少二氧化碳排放所设定的二氧化碳的排放额度。通常，某一国家的碳排放限额是由国际会议商讨确定的；企业的碳限额是根据国家实际的碳排放要求，由政府制定的相关企业的碳排放额度。

碳排放限额惩罚因子θ是指在碳排放限额下，由于没有完成相应的减排要求或超出最高碳排放限制，政府施以惩罚性措施的惩罚程度。碳排放限额惩罚因子通常是根据国际上相关的碳排放要求再加上本国的实际情况，由政府设定并实施的。通过碳排放限额惩罚因子的方式，促使企业进行节能减排。

2．成本分析

（1）选址—路径—库存成本。

① 配送中心选址固定建设费用：

$$M_{\text{DC}} = \sum_{j \in J} \sum_{n \in N_j} f_j^n U_j^n \tag{7-1}$$

式中，f_j^n表示容量为n的配送中心选址费用。

② 运输费用，包括从工厂到DC的运输成本和从DC到CZ的配送成本：

$$M_R = \sum_{s \in S} \sum_{j \in J} c_{sj} x_{sj} d_{sj} + \sum_{v \in V} \sum_{e \in (I \bigcup J)} \sum_{i \in I} h_{ei} y_{ei} d_{ei} q_{eiv} \tag{7-2}$$

③ 库存费用：

$$M_s = \sum_{n=1}^{N} w_j \left(\sum_{i=1}^{I} \frac{y_{ji}}{\sum\limits_{j=1}^{J} x_{ji}} u_j Z_{ji} + z_\alpha \sqrt{\sum_{i=1}^{I} L \frac{x_{ji}}{\sum\limits_{j=1}^{J} x_{ji}} \sigma_i^2 Z_{ji}} \right) \tag{7-3}$$

所以，选址—路径—库存成本函数 M 描述为

$$M = \sum_{j \in J} \sum_{n \in N_j} f_j^n U_j^n + \sum_{s \in S} \sum_{j \in J} c_{sj} x_{sj} d_{sj} + \sum_{v \in V} \sum_{e \in (I \bigcup J)} \sum_{i \in I} h_{ei} y_{ei} d_{ei} q_{eiv} +$$

$$w_j z_\alpha \sqrt{lt_j \sum_{i \in I} \sigma_i^2 R_{ji}} + \sum_{j \in J} (O_j \sum_{i \in I} u_i R_{ji} / Q_j + h_j Q_j / 2) \tag{7-4}$$

（2）碳排放成本计算。物流过程所引发的碳排放主要是在物流过程中消耗各种能源和物质所带来的直接和间接 CO_2 排放。一般用石油燃料量来核算 CO_2 排放量，其核算公式如下：碳排放量＝燃料消耗量×CO_2 排放系数。

优化模型中的碳排放量分别来自设施选址、车辆路径和库存控制 3 部分，其具体的度量与数学描述如下。

① 设施选址：设施选址是指 DC 的建造和运营，设碳排放量等于影响气候变化的潜能特征值乘以相应的碳排放因子，故设施选址过程产生的碳排放量 CE_F 为

$$CE_F = \sum_{m=1}^{2} \lambda_m E_m \tag{7-5}$$

式中，λ_m 表示阶段 m 的碳排放系数；E_m 表示阶段 m 的能源消耗总和。其中，E_1 为设施构建过程中产生的碳排放，受设施规模和设施性质的影响；E_2 为设施运营过程必需的水、电、煤、气及设施内部件维护的能量损耗。

② 运输配送：在现实的物流运输过程中，应该优先满足需求量较大的分销商，货物运输可以考虑的因素有许多，如时间窗约束、运送方式的选择、按货物权重运输等。

文献[158]认为运输过程中的燃料消耗量不仅与运输距离有关，还与载货量等因素有关；收集相关统计数据进行了回归分析，结果显示单位距离燃料消耗量 p 可以表示为一个依赖于货车载货量 X 的线性函数，即若将车辆总质量分为 Q_0（车辆自重）和 X（载货量）两部分，则有

$$p(X) = \alpha(Q_0 + X) + b \tag{7-6}$$

设车辆最大载货量为 Q，满载时单位距离燃料消耗量为 p^*，空载时单位距离燃料消耗量为 p_0，则由式（7-6）可知：

$$p_0 = \alpha Q_0 + b \tag{7-7}$$

$$p^* = \alpha(Q_0 + Q) + b \tag{7-8}$$

可以得到，

$$\alpha = \frac{p^* - p_0}{Q} \tag{7-9}$$

于是式（7-6）可以改写为

$$p(X) = p_0 + \frac{(p^* - p_0)}{Q} X \tag{7-10}$$

在地形、车速等保持不变的情况下，式（7-10）表示的是单位距离燃料消耗量与载货量之间的线性关系，其中截距为 p_0，斜率为

$$\frac{p^* - p_0}{Q} \tag{7-11}$$

在供应链网络中，若从节点 i 运送 x_{ij} 单位的货物至物流节点 j，则在 (i, j) 间行驶所产生的碳排放成本可以表示为

$$CE(x_{ij}) = c_0 e_0 p(x_{ij}) d_{ij} \tag{7-12}$$

式中，c_0 为单位碳排放费用，e_0 为 CO_2 排放系数，$p(x_{ij})$ 为单位距离燃料消耗量，d_{ij} 为节点 i 至节点 j 的距离。当 $c_0 = 0$ 时，碳排放成本为零，表示不考虑碳排放带来的成本。

③ 库存控制：设 ε 为各能耗的综合排放因子，且能耗与库存量大小成正比，即可得到库存产生的碳排放量 CE_I 为

$$CE_I = \varepsilon \cdot \int s(t) dt \tag{7-13}$$

式中，$s(t)$ 表示 t 时刻的库存。通过上述分析，CO_2 总排放量的成本函数 CE 描述为

$$CE = \sum_{m}^{2} \sum_{j=1} U_j^m \lambda_m E_m + \left[\sum_{j=1} c_0 e_0 p(x_{sj}) d_{sj} + \sum_{j=1} \sum_{i=1}^{I} c_0 e_0 p(x_{ei}) q_{eiv} d_{ei} \right] + \left[\varepsilon \sum_{j \in J} \left(\frac{Q_j}{2} + z_\alpha \sqrt{lt_j \sum_{i \in I} \sigma_i^2 R_{ij}} \right) \right] \tag{7-14}$$

综上所述，可考虑碳排放成本的选址—路径—库存集成多目标函数。

目标一：最小化碳排放成本为

$$\min CE = \sum_{m}^{2} \sum_{j=1} U_j^m \lambda_m E_m + \left[\sum_{j=1} c_0 e_0 p(x_{sj}) d_{sj} + \sum_{j=1} \sum_{i=1}^{I} c_0 e_0 p(x_{ei}) q_{eiv} d_{ei} \right] + \left[\varepsilon \sum_{j \in J} \left(\frac{Q_j}{2} + z_\alpha \sqrt{lt_j \sum_{i \in I} \sigma_i^2 R_{ij}} \right) \right] \tag{7-15}$$

目标二：最小化选址—路径—库存成本为

$$\min M = \sum_{j \in J} \sum_{n \in N_j} f_j^n U_j^n + \sum_{s \in S} \sum_{j \in J} c_{sj} x_{sj} d_{sj} + \sum_{v \in V} \sum_{e \in (I \bigcup J)} \sum_{i \in I} h_{ei} y_{ei} d_{ei} q_{eiv} + w_j z_\alpha \sqrt{lt_j \sum_{i \in I} \sigma_i^2 R_{ji}} + \sum_{j \in J} (O_j \sum_{i \in I} u_i R_{ji} / Q_j + h_j Q_j / 2) \tag{7-16}$$

subject to

$$Q_j + z_\alpha \sqrt{lt_j \sum_{i \in I} \sigma_i^2 R_{ij}} \leqslant N_j \tag{7-17}$$

$$\sum_{i \in I} u_i \sum_{i \in I} q_{eiv} \leqslant VC \tag{7-18}$$

$$\sum_{v \in V} \sum_{e \in (I \bigcup J)} q_{eiv} = 1 \tag{7-19}$$

$$\sum_{v \in V} \sum_{e \in (I \bigcup J)} q_{eiv} \leqslant 1 \tag{7-20}$$

$$\sum_{e \in (I \bigcup J)} q_{eiv} - \sum_{e \in (I \bigcup J)} q_{iev} = 0 \tag{7-21}$$

$$\sum_{k \in K} x_{ki} \geqslant \sum_{i \in I} y_{ij} \tag{7-22}$$

$$\sum_{j \in J} y_{ij} = u_i \tag{7-23}$$

$$U_j^n = \{0,1\}, j \in J \tag{7-24}$$

$$R_{ji} = \{0,1\}, i \in I, j \in J \tag{7-25}$$

$$q_{eiv} = \{0,1\}, \forall e \in (I \bigcup J), i \in I \tag{7-26}$$

式（7-17）表示 DC 的能力约束，N_j 为已知参数，表示 DC_j 的容量；式（7-18）表示车辆的能力约束，VC 表示车辆的最大运载能力，为给定的参数；式（7-19）保证 CZ_i 有且仅有一辆车为其服务；式（7-20）保证每辆车至多服务于一个 DC；式（7-21）说明车辆不能停留于某个节点上；式（7-22）保证运入 RDC 的产品数量大于从 DC 运出产品的数量；式（7-23）保证 DC_i 的需求都能得到满足；式（7-24）～式（7-26）保证了决策变量的非负性。

7.3　基于两阶段协同多目标微粒群的 CLRIP 决策算法

7.3.1　算法思想

以选址—路径—库存问题为背景，涉及生产商、潜在配送中心和分销商的三层生产—运输/配送—库存系统，其中所有需求地的位置都已确定。由于总投资有限，因此分销中心数量和组合有限，优化目标为布置合理的配送中心数量和位置，确定每个配送中心所服务的需求地，以及各配送中心和需求地的最优订货策略，使得整个供应链网络总成本及碳排放成本最低。

本章采用两阶段协同多目标微粒群优化算法（BCMPSO）对上述选址—路径—库存集成优化模型进行求解，BCMPSO 结合离散模型和实数模型，用来同时处理组合变量及连续实数变量问题。BCMPSO 设计"初始优化阶段+实时优化阶段"的两阶段求解策略，具体步骤如图 7-2 所示。

第一阶段：根据已知信息制定初始优化阶段的决策计划。该阶段采用二进制离散 PSO 模型实现选址决策，确定候选潜在配送中心是否建立。

第二阶段：根据动态信息的产生进行实时阶段的优化。该阶段采用 ECMPSO 求解模型获取配送中心从生产商订货数量、分销商向配送中心的最优订货方案，采用 HMPSO 模型获取最优车辆路径调度方案。

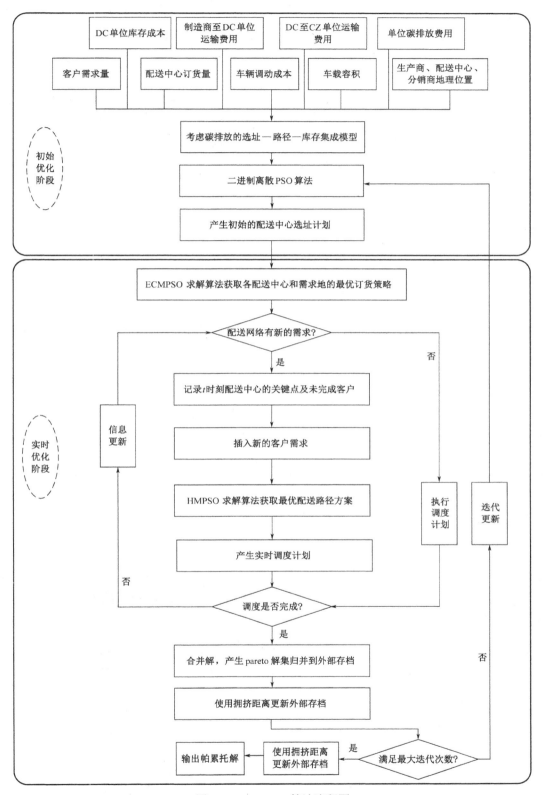

图 7-2　BCMPSO 算法流程图

7.3.2 算法模型

1．选址决策

本模型主要通过概率确定潜在配送中心 j 是否建立，顾客 k 是否选择配送中心 j 配送。该模型采用 0-1 编码，通过式（7-27）～式（7-30）来完成。

$$p[x_{id}(t)=1]=f[x_{id}(t-1),v_{id}(t-1),p_{id},p_{gd}] \qquad (7\text{-}27)$$

$$v_{id}(t)=v_{id}(t-1)+\varphi_1[p_{id}-x_{id}(t-1)]+\varphi_2[p_{gd}-x_{id}(t-1)] \qquad (7\text{-}28)$$

$$s(v_{id}(t)=\frac{1}{1+\exp(-v_{id})} \qquad (7\text{-}29)$$

$$x_{id}(t)=\begin{cases}1, & \rho_{id}<s[v_{id}(t)]\\0, & \text{其他}\end{cases} \qquad (7\text{-}30)$$

式中，$p(x_{id}(t)=1)$ 是个体取 1 的概率，$x_{id}(t)$ 是个体 i 在 t 时刻的状态，$x_{id}(t-1)$ 是个体 i 的前一个时刻的状态，t 是当前迭代次数，ρ_{id} 是当前粒子获得的局部最优，p_{gd} 是当前种群中全局最优，分别在 {0,1} 中取值，$\varphi_1+\varphi_2<4$，φ_1、φ_2、ρ_{id} 分别是服从[0，1]均匀分布的随机数。

2．订货策略

为得到各配送中心和分销商的最优订货策略，对各配送中心和分销商的送货量进行实数编码，BCMPSO 算法采用实数编码，如表 7-1 所示。

表 7-1　BCMPSO 算法编码

生产商给配送中心送货量									配送中心给分销商送货量							
x_{11}	x_{12}	…	x_{1n}	…	x_{m1}	x_{m2}	…	x_{mn}	u_{11}	u_{12}	…	u_{1k}	…	u_{n1}	u_{n2}	…	u_{vk}

3．车辆调度

为得到配送过程中路线最优，车辆调度采用第 6 章设计的 HMPSO 编码方式，粒子搜索空间为各节点定义的有向完全图的边集合，粒子的位置为完全图的边集的一个子集，这个子集中的边首尾相连为一个有向的汉密尔顿回路。

7.3.3 算法描述

基于"分而治之，合作求解"的思想，先将一个大规模优化问题分解成一些低维的、简单的、更易于求解的子优化问题，再对这些低维、简单的子优化问题进行求解，最终达到求解原大规模优化问题的目的。BCMPSO 基于多目标技术，种群中的粒子协同合作寻找到分布尽可能好的逼近性、宽广性和均匀性帕雷托最优解集合。

BCMPSO 算法流程如下。

Step1：获取用户需求量，配送中心订货量，车辆调动成本，车载容积，生产商、配送中心、分销商的地理位置，DC 单位库存成本，制造商至 DC 单位运输费用，DC 至 CZ 单位运输费用，单位碳排放费用等信息。

Step2：建立选址—路径—库存集成问题的数学优化模型。

Step3：初始化种群。

Step4：迭代更新。

Step5：使用离散 PSO 算法对候选配送中心进行选择，产生初始的配送中心选址计划。

Step6：ECMPSO 求解算法获取各配送中心和分销商的最优订货策略。

Step7：HMPSO 求解算法获取最优配送路径方案。

Step8：合并解，获取帕雷托解集，归入外部存档。

Step9：外部存档的个数是否超过设定值，若是，则使用拥挤距离更新外部存档。

Step10：迭代计数器累加 1，判断是否满足算法终止条件。若满足，则执行 Step6；否则，转向 Step4。

Step11：输出帕雷托最优前沿面。

Step12：采用多目标决策方法在帕雷托最优解集中确定最终解。

7.4 数值与算例分析

通过调研，以国内一家大型冷链物流为案例，目前该公司在国内拥有和管理 13 座大型冷库，仓储能力为 85000 余吨；拥有冷藏车 140 余台，运输配送网络覆盖国内主要省市地区。本案例将低碳化多源 CLRIP 模型运用于冷链物流中，用以优化其供应链网络，为企业提供供应链低碳化运作策略。该公司是集生猪饲养、生猪屠宰加工与冷鲜肉加工、肉制品深精加工、罐头食品生产一条龙服务的食品综合加工企业。目前，公司在福建、江西和安徽拥有多个肉鸡生猪冷鲜肉加工厂、饲料厂、养猪场和肉鸡饲养基地等，产品在福建、江西、安徽、浙江、上海、江苏、湖南等有很好的市场。

公司为了提高服务质量、缩短配送时间、保证产品质量，公司专门成立了单独的物流子公司，实现肉鸡生猪繁育、屠宰、冷藏加工、肉制品精深加工产销一体化流程。为了提高供应链运作效率，公司决定构建冷鲜产品从生产厂房到区域配送中心，从区域配送中心到分销商的二级供应链网络，构建二级供应链网络时，不仅要考虑经济成本，还要考虑环境影响因素，构建一个考虑碳排放的二级冷链物流网络。表 7-2 表示 3 个食品加工厂单位周期内的最大生产能力（15 天时间为一个周期），假设各个地方分销商周期内的需求基本符合正态分布；表 7-3 表示 10 个分销商周期内的需求分布情况；表 7-4 表示潜在区域配送中心的相关数据，为了便于在同一个周期内计算，将配送中心的每年的建设费用平分为 24 个周期；表 7-5 和表 7-6 表示工厂到潜在区域配送中心的距离和单位产品单位距离的运输费用。

表 7-2 加工厂 s 周期内最大生产能力

生产商	福州	株洲	池州
最大生产能力/t	450	380	360

表 7-3 CZ 的基本参数

	需求量/t	服务水平/%	需求方差/t
南平	105	95%	14
漳州	118	95%	17
泰州	67	95%	11
苏州	87	95%	15
杭州	98	95%	12
台州	82	95%	14
南昌	120	95%	15
萍乡	86	95%	15
阜阳	73	95%	13
宜城	95	95%	12

表 7-4 DC 的相关数据

潜在配送中心 DC	最大仓储容量/t	建设费用/元	单位产品存储费用/（元/吨）
株洲	585	78000	270
三明	590	79000	240
衢州	520	76000	270
合肥	450	75000	300
南京	550	82000	250
福州	640	811000	210

表 7-5 工厂到潜在配送中心的距离

单位：km

	株洲	三明	衢州	合肥	南京	福州
福州	488	68	314	622	606	50
株洲	68	224	343	440	518	230
池州	314	480	322	185	258	460

表 7-6 工厂到潜在 DC 单位产品单位距离运输费用

单位：元

	株洲	三明	衢州	合肥	南京	福州
福州	3.8	3.1	3.2	3.2	3.3	2.9
株洲	3.2	3.1	3.1	3.3	3.2	3.1
池州	3.3	3.2	3.2	3.1	3.1	3.2

由于道路的拥挤、道路平整和坡陆等因素影响，汽车在实际运输过程中所消耗的燃料量不同，因此，碳排放会有明显不同，参考文献[159]中有相关的碳排放系数；表 7-7 和表 7-8 所示为潜在配送中心到分销商的距离及单位产品单位距离的运输费；表 7-9 和表 7-10 设定了从工厂到 DC、DC 到 CZ 的单位产品单位距离消耗能量所对应的碳排放量；表 7-11 设定了 DC 固定碳排放量和可变单位存储碳排放。

表 7-7 潜在配送中心到分销商的距离

单位：km

分销商 \ RDC	株洲	三明	衢州	合肥	南京	福州
南平	358	167	371	664	668	129
漳州	403	205	549	813	833	247
泰州	709	851	507	281	173	773
苏州	459	658	321	259	114	593
杭州	451	497	149	325	244	446
台州	411	361	158	537	486	291
南昌	91	318	373	376	485	325
萍乡	151	279	505	573	665	321
阜阳	566	751	479	123	163	705
宜城	429	581	281	121	93	521

表 7-8 DC 到 CZ 的单位产品单位距离运输费

单位：元

CZ \ DC	株洲	三明	衢州	合肥	南京	福州
南平	3.8	3.1	3.2	3.4	3.3	3.1
漳州	3.3	3.2	3.3	3.3	3.4	3.2
泰州	3.5	3.2	3.2	3.2	3.3	3.2
苏州	3.2	3.2	3.3	3.2	3.2	3.2
杭州	3.4	3.2	3.2	3.2	3.2	3.3

DC\CZ	株洲	三明	衢州	合肥	南京	福州
台州	3.5	3.2	3.1	3.3	3.2	3.3
南昌	3.1	3.3	3.3	3.2	3.1	3.1
萍乡	3.1	3.1	3.4	3.4	3.3	3.2
阜阳	3.3	3.2	3.3	3.2	3.3	3.2
宜城	3.3	3.3	3.3	3.1	3.2	3.2

表 7-9 工厂到 DC 的单位产品单位距离碳排放量

单位：kg

工厂\RDC	株洲	三明	衢州	合肥	南京	福州
福州	0.11	0.08	0.09	0.09	0.08	0.09
株洲	0.05	0.11	0.08	0.08	0.05	0.11
池州	0.08	0.09	0.05	0.08	0.05	0.11

表 7-10 DC 到 CZ 的单位产品单位距离碳排放量

单位：kg

分销商\RDC	株洲	三明	金华	合肥	南京	福州
南平	0.12	0.12	0.1	0.12	0.08	0.12
漳州	0.12	0.12	0.1	0.12	0.08	0.12
泰州	0.08	0.08	0.06	0.08	0.06	0.08
苏州	0.08	0.1	0.08	0.12	0.06	0.08
杭州	0.06	0.08	0.06	0.08	0.06	0.08
台州	0.06	0.08	0.06	0.08	0.06	0.08
南昌	0.06	0.12	0.08	0.06	0.08	0.12
萍乡	0.06	0.12	0.08	0.08	0.12	0.12
阜阳	0.08	0.08	0.08	0.12	0.06	0.08
宜城	0.08	0.08	0.08	0.08	0.06	0.07

表 7-11 DC 固定碳排放量和可变单位存储碳排放

潜在配送中心	固定碳排放量/kg	单位存储碳排放量/(kg/t)
株洲	790	0.46
三明	780	0.43
衢州	750	0.48

潜在配送中心	固定碳排放量/kg	单位存储碳排放量/(kg/吨)
合肥	740	0.51
南京	790	0.49
福州	810	0.39

本案例考虑了分销商可以由多个配送中心供货，配送中心可以由多个工厂供货的多源情况，根据上面的低碳化多源 CLRIP 模型的 BCMPSO 优化算法，采用 Matlab 7.1 编程求解，对案例问题进行计算，并对计算结果进行了分析。初始化参数碳排放限额为 10000kg，碳惩罚系数为 10，服务水平 $1-\alpha$ 为 95%，安全库存系数 Z_α=1.65，订货提前期 L 为 6 天。

计算得到的最优选址方案和最优分销方案如表 7-12 和表 7-13 所示，供应链整体最优总成本、供应链经济成本、供应链碳排放量、碳排放惩罚成本和碳成本占总成本的比例如表 7-14 所示。

表 7-12　工厂到所选配送中心的运输量

工厂	工厂供应所选的配送中心	供应量/t
福州	福州配送中心	392
池州	南京配送中心	554
株洲	株洲配送中心	187

表 7-13　所选配送中心到分销商的运输量

开放的 DC	配送中心所负责的分销商	供应量/t	生产基地—DC—CZ 路径
福州	南平分销商	161	福州—福州—南平—漳州—福州—台州
	漳州分销商	114	
	台州分销商	107	
南京	泰州分销商	95	池州—南京—泰州—苏州—杭州—芜湖
	苏州分销商	149	
	杭州分销商	165	
	阜阳分销商	96	
	宜城分销商	49	
株洲	南昌分销商	102	株洲—萍乡—南昌
	萍乡分销商	85	

表 7-14　成本及碳排放量计算结果

总成本/元	经济成本/元	碳排放量/kg	超出碳限额排放	碳惩罚成本/元	碳成本比例
1417264.5	1407330.2	29885.4	19885.4	19885.4	12.3%

经过计算得出，整个供应链的分销中转工作由合肥和福州两个区域配送中心负责。池州加工厂负责加工南京配送中心的产品，株洲加工厂供应株洲配送中心的产品，每个加工厂到配送中心的具体货运量如表 7-12 所示。表 7-13 所示为福州配送中心负责南平、漳州、台州，其安全库存为 195.7t；南京配送中心负责泰州、苏州、杭州、阜阳、宜城，其安全库存为 243.9t；株洲配送中心负责南昌与萍乡，其安全库存为 195.7t。从表 7-14 中可以看到，供应链总成本为 1601489.6 元，供应链经济成本为 1407330.2 元，碳排放量为 29885.4kg，超出碳限额排放为 19885.4kg，碳惩罚成本为占总成本的比例为 12.3%。

由表 7-15 可以看到，当碳限额为 10000kg、碳惩罚系数 θ =10 时，最优选址方案为福州、南京和株洲 3 个配送中心；当碳限额为 10000kg、碳惩罚系数 θ =20 时，最优选址方案转变为南京和福州两个配送中心，与碳惩罚系数 θ =10 时相比，碳惩罚系数 θ =20 的供应链总成本增加了 101506.3 元，经济成本增加了 13006.3 元，但碳排放量减少了 5517.7kg；当碳限额为 10000kg、碳惩罚系数 θ =30 时，最优选址方案仍为南京和南平两个配送中心，碳排放成本增加了 450702 元；当碳限额为 10000kg、碳惩罚系数 θ =40 时，最优选址方案转变为抚州和合肥两个配送中心，与碳惩罚系数 θ =30 时相比，碳惩罚系数 θ =40 的供应链总成本增加了 174239.9 元，经济成本增加.9 元，但碳排放量减少了 172kg。通过不断增加碳惩罚系数 θ，提高碳排放惩罚力度，了 30885 可以使整个供应链向减少碳排放方向转移。

表 7-15　不同碳惩罚系数下选址方案及总成本变化情况

碳惩罚系数 θ	10	20	30	40
最优选址方案	福州、南京、株洲	南京、福州	南京、福州	株洲、衢州
供应链总成本/元	1656184.2	1757690.5	1921039.5	2095279.4
经济成本/元	1457330.2	1470336.5	1470337.5	1501223.4
碳排放量/kg	29885.4	24367.7	25023.4	26451.4
超出碳限额排放	19885.4	14367.7	15023.4	14851.4
碳排放成本/元	198854	287354	450702	594056
碳成本比例/%	12.0	16.3	23.5	28.4

由表 7-16 可以看到，当碳惩罚系数为 θ =10、碳限额为 30000kg 时，最优选址方案为福州、南京、株洲 3 个配送中心，因为此时碳排放量为 29885.4kg，小于 30000kg 碳限额，不用受到碳惩罚，碳排放成本为 0；当碳限额为 25000kg 时，最优选址方案转变为南京、福州两个配送中心，此时，碳排放量为 24367.7kg，小于 25000kg 碳限额，碳排放成本为 0，故向成本更低的方向转移，同时，碳排放量也减少了 5517.7kg；当碳限额为 20000kg 时，最优选址方案仍为南京、福州两个配送中心，碳排放量为 24113.5kg，大于 20000kg 碳限额，此时碳排放惩罚成本为 41135 元。通过减少碳排放限额，可以使企业有碳排放压力，促使企业向碳排放量小的方向规划供应链，从而使供应链设计更为低碳。

表 7-16　不同碳限额下选址方案及总成本变化情况

碳限额/kg	30000	25000	20000
最优选址方案	福州、南京、株洲	南京、福州	南京、福州
供应链总成本/元	1457330.2	1470336.5	1511472.5
经济成本/元	1457330.2	1470336.5	1470337.5
碳排放量/kg	29885.4	24367.7	24113.5
超出碳限额排放	0	0	4113.5
碳排放成本/元	0	0	41135

企业构建低碳供应链与政府碳减排政策有很大关系，政府宏观调控低碳化多源 CLRIP 模型中的碳限额和碳惩罚系数，有利于促使企业整个供应链向绿色低碳方向发展。随着碳限额的逐渐减少，供应链总成本不断增加；随着碳惩罚系数的加大，供应链总成本不断增加。企业可以根据政府的碳减排政策变化，通过均衡低碳化多源 CLRIP 网络模型，调整物流供应链网络规划，以达到经济效益和环境效果整体最优的目的。

7.5　小结

本章以多个生产商、多个配送中心和多个分销商的 3 层供应链网络为研究对象，提出了考虑碳排放成本的供应链网络 CLIRP 模型，并针对大规模系统选址—路径—库存集成问题的特点，为了布置合理的配送中心数量和位置，确定每个配送中心所服务的分销商，以及各配送中心和分销商的最优订货策略，设计了两阶段 BCMPSO 优化算法，通过仿真实验对低碳供应链中选址—路径—库存集成问题进行了求解，使得整个供应链网络总成本及碳排放成本最低。

第8章 总结与展望

8.1 本书的主要工作和结论

本书围绕合作协同微粒群优化计算模型的构建及在管理优化领域的应用展开讨论和研究。围绕微粒群优化算法存在的问题，本书主要的研究工作和结论总结如下。

（1）从收敛速度、跳出局部极值、探索、开发几个不同角度融合了 4 种具有不同优势的变异策略，采用自适应学习机制构建了自适应学习多策略并行微粒群优化算法。实验仿真结果表明，有效地解决了目前很多 PSO 算法鲁棒性和普适性均不强等问题，算法在优化效率、优化性能和鲁棒性方面均有很大改善，并具有较强的普适性。

（2）提出了基于"阶段混合"思想的多阶段动态群智能算法。通过函数优化测试实验表明提出的算法具有收敛速度快、全局搜索能力强、稳定性好、求解精度高等特点，并将该算法思想应用于求解柔性作业车间调度管理应用问题，通过国际标准测试用例及实际的管理问题验证了算法的有效性。

（3）提出了基于空间自适应划分的动态多种群多目标优化算法。引入了一种新的局部和全局最优"引导"粒子，利用状态观测器和精英学习策略，对解空间进行更加全面、充分的探索，快速找到一组分布具有尽可能好的逼近性、宽广性和均匀性的最优解集。对国际多目标测试函数及环境经济调度问题进行仿真测试，结果表明算法在保持帕雷托最优解多样性的同时具有较好的收敛性能。

（4）采用基于集合和概率的编码方式，引入插入启发式、前推启发式、信息初始化方法及局部搜索算子，以多目标离散问题中具有代表性的带时间窗的车辆路径规划问题为研究对象，提出了一种基于多目标离散微粒群优化算法，并有效地解决了带时间窗车辆路径优化问题，仿真实验表明其对降低物流配送成本、提高配送效率具有较好的实用价值。

（5）对低碳供应链多级网络选址—路径—库存集成优化问题进行了研究。针对一个涉及生产商、潜在配送中心与分销商的三层供应链网络进行了研究，对商品从生产商经过潜在配送中心再到最终分销商的整个流程中有关设施选址、需求分配及路线选择等问题进行了优化设计，构建了多级网络选址—路径—库存集成问题优化模型，并设计了两阶段协同演化多目标微粒群优化算法对模型进行求解。

8.2 对未来工作的研究展望

为了提高混合智能优化算法的整体优化性能和在实际工程中的应用价值，以下几个方面需要进一步深入研究。

（1）自适应协同演化算法理论。基于协同演化模式和自适应进化机制的多策略并行算法是一种定向随机搜索算法，对自适应协同演化算法的数学基础还需进行深入研究。如何设计更简单有效的改进算法，确定自适应方案，保证算法既能有较高的收敛速度和解精确度，又不引进过多的新参数，使并行、协同组合关系更合理、更有效，是一个很值得研究的话题。

（2）自适应合作协同优化策略在复杂优化领域中的应用有待进一步加强。文中提出的算法应用于柔性作业车间调度问题、环境经济调度问题、带时间窗的车辆路径调度问题及低碳供应链多级网络选址—路径—库存集成问题，虽取得了一定的研究进展，但要解决不同领域的实际问题，还要根据不同管理应用问题的特性，研究普适性更强的自适应合作协同优化策略。

（3）在管理决策中优化问题十分常见，下一步拟将所提出的算法开发为软件工具包供管理人员和工程人员使用。

参 考 文 献

[1] 王宜举，修乃华. 线性最优化理论与方法. 北京：科学出版社，2012.

[2] 王小平，立明. 遗传算法：理论，应用及软件实现. 西安：西安交通大学出版社，2002.

[3] 乔俊飞，韩红桂. RBF神经网络的结构动态优化设计. 自动化学报，2011，36(6): 865~872.

[4] 林丹，李敏强. 进化规划和进化策略中变异算子的若干研究. 天津大学学报：自然科学与工程技术版，2000，33(5):627~630.

[5] 陈志卫，王万良，万跃华，等. 遗传规划研究的现状及发展. 浙江工业大学学报，2003，31(2):153~159.

[6] Kennedy J, Ebethart R C. Particle Swarm Optimization.Proceedings of IEEE International Conference on Neural Networks. Perth, Australia, 1995:1942~1948.

[7] 刘波，王凌，金以慧. 差分进化算法研究进展. 控制与决策，2007，22(7):721~729.

[8] Dorigo M, Birattari M, Stotzle T. Ant colony optimization-artificial ants as a computational intelligence technique [J].IEEE Computational Intelligence Magazine, 2006, 1(4):28~39.

[9] 李晓磊，邵之江，钱积新. 一种基于动物自治体的寻优模式，鱼群算法. 系统工程理论与实践，2002，22(11): 32~38.

[10] 杜琼，周一届. 新的进化算法：文化算法. 计算机科学，2005，32(9):142~144.

[11] 陈华根，吴健生，王家林，等. 模拟退火算法机理研究. 同济大学学报（自然科学版），2004,32(6):802~805.

[12] Karaboga D, Basturk B. A powerful and efficient algorithm for numerical function optimization: artificial bee colony (ABC) algorithm. Journal of Global Optimization, 2007,39 (3):459~471.

[13] 刘静. 协同演化算法及其应用研究（博士学位论文）. 西安：西安电科技大学，2004.

[14] Potter M A, De Jong K A. A cooperative coevolutionary approach to function optimization. Springer Berlin Heidelberg, 1994: 249~257.

[15] Shi Y, Teng H, Li Z. Cooperative co-evolutionary differential evolution for function optimization. Springer Berlin Heidelberg, 2005: 1080~1088.

[16] Li X, Yao X. Cooperatively coevolving particle swarms for large scale optimization. Evolutionary Computation, IEEE Transactions on, 2012, 16(2): 210~224.

[17] Zou W, Zhu Y, Chen H, et al. Cooperative approaches to artificial bee colony algorithm. International Conference on. IEEE, 2010, 9:44~48.

[18] Maniadakis M, Trahanias P E. Assessing hierarchical cooperative coevolution. ICTAI (1). 2007:391~398.

[19] Chandra R, Frean M, Zhang M.A memetic framework for cooperative co-evolutionary feedforward neural networks. School of Engineering and Computer Science, Victoria University of Wellington, 2010.

[20] Yang Z, Tang K, Yao X. Multilevel cooperative coevolution for large scale optimization// Evolutionary Computation,2008.CEC 2008. IEEE Congress on. IEEE, 2008: 1663~1670.

[21] Wang Y, Li B, Lai X. Variance priority based cooperative co-evolution differential evolution for large scale global optimization. IEEE Congress on.IEEE, 2009: 1232~1239.

[22] García-Pedrajas N, Hervás-Martínez C, Muñoz-Pérez J. COVNET: A cooperative coevolutionary model for evolving artificial neural networks. Neural Networks, IEEE Transactions on, 2003, 14(3):575~596.

[23] Kimura S, Ide K, Kashihara A, et al. Inference of S-system models of genetic networks using a cooperative coevolutionary algorithm. Bioinformatics, 2005, 21(7):1154~1163.

[24] Cao X B, Qiao H, Keane J. A low-cost pedestrian-detection system with a single optical camera. Intelligent Transportation Systems, IEEE Transactions on, 2008, 9(1):58~67.

[25] Teng H, Chen Y,Zeng W,et al. A dual-system variable-grain cooperative coevolutionary algorithm: satellite-module layout design. Evolutionary Computation, IEEE Transactions on, 2010, 14(3):438~455.

[26] Liang C H, Chung C Y, Wong K P, et al. Parallel optimal reactive power flow based on cooperative co-evolutionary differential evolution and power system decomposition. Power Systems, IEEE Transactions on, 2007, 22(1): 249~257.

[27] Sim L M, Dias D M,Pacheco M A C. Refinery scheduling optimization using genetic algorithms and cooperative coevolution. IEEE Symposium on. IEEE, 2007: 151~158.

[28] Panait L, Luke S, Wiegand R P. Biasing coevolutionary search for optimal multiagent behaviors. Evolutionary Computation, IEEE Transactions on, 2006, 10(6): 629~645.

[29] Nema S, Goulermas J Y, Sparrow G, et al. A hybrid cooperative search algorithm for constrained optimization. Structural and Multidisciplinary Optimization, 2011, 43(1): 107~119.

[30] Boonlong K, Maneeratana K, Chaiyaratana N. Determination of erroneous velocity vectors by co-operative co-evolutionary genetic algorithms. IEEE Conference on. IEEE, 2006:1~6.

[31] Li W. Research on the application analysis technology for cooperative fault diagnosis World Congress on.IEEE, 2010: 5790~5793.

[32] Kennedy J. Small worlds and mega-minds: effects of neighborhood topology on particle swarm performance. In IEEE Congress on Evolutionary Computation, Piscataway, NJ, 1999: 1931~1938.

[33] Li X. Adaptively choosing neighbourhood bests using species in a particle swarm optimizer for multimodal function optimization. Springer Berlin Heidelberg, 2004: 105~116.

[34] Veeramachaneni K, Peram T, Mohan C, et al. Optimization using particle swarms with near neighbor interactions. Springer Berlin Heidelberg, 2003: 110~121.

[35] Niu B, Zhu Y, He X, et al. A multi-swarm optimizer based fuzzy modeling approach for dynamic systems processing. Neurocomputing, 2008, 71(7): 1436~1448.

[36] Brits R, Engelbrecht A P, Van den Bergh F. A niching particle swarm optimizer. Singapore: Orchid Country Club, 2002, 2: 692~696.

[37] Blackwell T, Branke J. Multi-swarm optimization in dynamic environments. Springer Berlin Heidelberg, 2004: 489~500.

[38] Baskar S, Suganthan P.N. A novel concurrent particle swarm optimization. IEEE Congr. Evol. Comput, 2004, 6: 792~796.

[39] Li X. Niching without niching parameters: particle swarm optimization using a ring topology. Evolutionary Computation, IEEE Transactions on, 2010, 14(1): 150~169.

[40] 倪庆剑, 张志政, 王蓁蓁, 等. 一种基于可变多簇结构的动态概率微粒群优化算法. 软件学报, 2009, 20(2):339~349.

[41] Wu D, Zheng J. A dynamic multistage hybrid swarm intelligence optimization algorithm for function optimization. Discrete Dynamics in Nature and Society, 2012.

[42] Li C, Yang S. An adaptive learning particle swarm optimizer for function optimization. IEEE Congress on. IEEE, 2009: 381~388.

[43] Zhan Z, Zhang J, Li Y. Orthogonal learning particle swarm optimization. Evolutionary Computation, IEEE Transactions on, 2011, 15(6): 832~847.

[44] Wang Y, Li B, Weise T, et al. Self-adaptive learning based particle swarm optimization. Information Science, 2010:07~013.

[45] 纪震, 周家锐, 廖惠连, 等. 智能单粒子优化算法. 计算机学报, 2010, 33(3):557-561.

[46] 迟玉红, 孙富春, 王维军, 等. 基于空间缩放和吸引子的微粒群优化算法. 计算机学报, 2011, 34(1):115~130.

[47] Tanweer M R, Sundaram S. Human cognition inspired particle swarm optimization algorithm. IEEE Ninth International Conference on. IEEE, 2014: 1~6.

[48] Changhe Li, Shengxiang Yang. An adaptive learning particle swarm optimizer for function optimization. IEEE Congress on Evolutionary Computation. Trondheim, 2009:381~388.

[49] 张顶学，廖锐全. 一种基于种群速度的自适应微粒群算法. 控制与决策，2009，23(7): 757~761.

[50] Mendes R, Kennedy J, Neves J. The fully informed particle swarm: simpler, maybe better. IEEE Trans on Evolutionary Computation, 2004, 8(3):204~210.

[51] 贾树晋，杜斌，岳恒. 基于局部搜索与混合多样性策略的多目标微粒群算法. 控制与决策，2012，27(6): 813~818.

[52] Sabine H, Rolf W. Theoretical analysis of initial particle swarm behavior. Dortmund Germany, 2008: 889~898.

[53] Wei B, Zhao Z.An improved particle swarm optimization algorithm based k-means clustering analysis. Journal of Information and Computational Science, 2010, 7(3):511~518.

[54] Qin J, Yin Y, Ban X. A hybrid of particle swarm optimization and local search for multimodal functions. In Advances in Swarm Intelligence-First International Conference, Beijing, China, 2010: 589~596.

[55] Olesen J R, Cordero J, Zeng Y. Auto-clustering using particle swarm optimization and bacterial foraging. Springer Berlin Heidelberg, 2009: 69~83.

[56] Xin B. An adaptive hybrid optimizer based on particle swarm and differential evolution for global optimization. Science China-Information Sciences, 2010, 53(5): 980~989.

[57] Li Z, Zheng D, Hou H. A hybrid particle swarm optimization algorithm based on nonlinear simplex method and tabu search. In 7th International Symposium on Neural Networks, Shanghai, China, 2010: 127~135.

[58] Niknam T, Amiri B. An efficient hybrid approach based on PSO. ACO and k-means for cluster analysis. Applied Soft Computing, 2010, 10(1): 183~197.

[59] 黄泽霞，俞攸红，黄德才. 惯性权重自适应调整的量子微粒群优化算法. 上海交通大学学报，2012，46(2):228~232.

[60] Hu X, Eberhart R. Multi-objective optimization using dynamic neighborhood particle swarm optimization. Proc of the 2002 Congress on Evolutionary Computation. New York: IEEE Press, 2002: 1677~1681.

[61] Salazar L M, Rowe J E. Particle swarm optimization and fitness sharing to solve multi-objective optimization problems. Congress on Evolutionary Computation, 2005: 1204~1211.

[62] Coello C, Pulido G T, Lechuga M S. Handling multiple objectives with particle swarm optimization. IEEE Transaction Evolutionary Computation, 2004, 8(3): 257~279.

[63] Gandomi A H, Yun G J, Yang X S, et al. Chaos-enhanced accelerated particle swarm optimization. Communications in Nonlinear Science and Numerical Simulation, 2013, 18(2): 327~340.

[64] 任子晖, 王坚. 加速收敛的微粒群优化算法. 控制与决策, 2011:201~206.

[65] Pongehairerks P. A particle swarm optimization algorithm on job shop scheduling Problems with multi-Purpose machines. Journal of Operational Research, 2009, 26, (2): 161~184.

[66] 张长胜, 孙吉贵, 欧阳丹彤, 等. 求解车间调度问题的自适应混合微粒群算法. 计算机学报, 2009, 32(11):2137~2145.

[67] Liao C J, Tseng C T, Luam P. A discrete version of particle swarm optimization for flow shop scheduling problems. Computers and Operations Research, 2007, 34:3099~3111.

[68] Liu B, Wang L, Jin Y H. An effective hybrid particle swarm optimization for no-wait flow shop scheduling. International Journal of Advanced Manufacturing Technology, 2007, 31(9): 1001~1011.

[69] 王凌, 刘波. 微粒群优化与调度算法. 北京：清华大学出版社, 2008.5.

[70] Ho N B, Tay J C, Lai E M K. An effective architecture for learning and evolving flexible job-shop schedules. European Journal of Operational Research, 2007, 179(2): 316~333.

[71] 董良才, 徐子奇, 宓为建. 基于遗传算子微粒群算法的拖轮动态调度. 数学的实践与认识, 2012, 06:122~133.

[72] Bin-Bin L, Ling W, Bo L. An effective PSO-based hybrid algorithm for multi-objective permutation flow shop scheduling. IEEE transactions on systems, man, and cybernetics-part A: systems and humans, 2008, 38(4): 818~831.

[73] 潘全科, 王文宏, 朱剑英. 基于微粒群优化和变邻域搜索的混合调度算法. 计算机集成制造系统, 2007, 13(2):323~328.

[74] 于晓义, 孙树栋, 褚崴. 基于并行协同演化遗传算法的多协作车间计划调度. 计算机集成制造系统, 2008, 14(5):991~1000.

[75] 伍大清, 郑建国, 等. 求解柔性作业车间调度的动态群智能优化算法. 数学的实践与认识, 2014, 27(8):48~57.

[76] MirHassani S. A, Abolghasemi N. A particle swarm optimization algorithm for open vehicle routing problem. Expert Systems with Applications,2011, 38(9): 11547~11551.

[77] Ai T J, Kachitvichyanukul V. A particle swarm optimization for the vehicle routing problem with simultaneous pickup and delivery. Computers & Operations Research, 2009, 36(5): 1693~1702.

[78] Moghaddam B F, Ruiz R, Sadjadi S J. Vehicle routing problem with uncertain demands: An advanced particle swarm algorithm. Computers & Industrial Engineering, 2012, 62(1): 306~317.

[79] Marinakis Y, Marinaki M. A hybrid genetic‐particle swarm optimization algorithm for the vehicle routing problem. Expert Systems with Applications, 2010, 37(2): 1446~1455.

[80] Repoussis P. P, Tarantilis C. D, Ioannou G. Arc-guided evolutionary algorithm for the vehicle routing problem with time windows. IEEE Trans. Evol. Comput. 2009, 13(3): 624~647.

[81] Pop P C, Matei O, Sitar C P. An improved hybrid algorithm for solving the generalized vehicle routing problem. Neurocomputing, 2013, 109: 76~83.

[82] Banos R, Ortega J, Gil C, et al. A hybrid meta-heuristic for multi-objective vehicle routing problems with time windows. Computers & Industrial Engineering, 2013, 65(2): 286~296.

[83] Goksal F P, Karaoglan I, Altiparmak F. A hybrid discrete particle swarm optimization for vehicle routing problem with simultaneous pickup and delivery. Computers & Industrial Engineering, 2013, 65(1): 39~53.

[84] Coello C A C,Pulido G T,Lechuga M S. Handling multiple objectives with particle swarm optimization. IEEE Transactions on Evolutionary Computation, 2004, 8(3): 257~279.

[85] Li X D. A Non-dominated sorting particle swarm optimizer for multiobjective optimization. In Proceedings of the international conference on Genetic and evolutionary computation, Atlanta, GA, United States, 2003: 37~48.

[86] Mostaghim S, Teich J. Strategies for finding good local guides in multi-objective particle swarm optimization (MOPSO). In Proceedings of IEEE Swarm Intelligence Symposium, Piscataway, NJ, 2003: 27~33.

[87] Abido M A. Environmental/economic power dispatch using multiobjective evolutionary algorithms. IEEE Trans Power Systems. 2003, 18(4): 1529~1537

[88] Sierra M R, Coello C A C. Improving PSO-based multi-objective optimization using crowding, mutation and epsilon-dominance. Lecture Notes in Computer Science, 2005, 3410: 505~519.

[89] Reddy M J, Kumar D N. An Efficient multi-objective optimization algorithm based on swarm intelligence for engineering design. Engineering Optimization, 2007, 39(6): 49~68.

[90] 胡旺，张鑫. 基于帕雷托熵的多目标微粒群优化算法. 软件学报，2014, 25(5): 1025~1050.

[91] 黄发良，张师超，朱晓峰. 基于多目标优化的网络社区发现方法. 软件学报，2013, 24(9): 2062~2077.

[92] 田雨波，楼群，邱大为. 多目标神经空间映射算法优化设计微带滤波器. 电子学报，42 (5): 1014~1019.

[93] Tang K, Yao X, Suganthan P N, et al. Benchmark functions for the CEC' 2008 special session and competition on large scale global optimization. Nature Inspired Computation and Applications Laboratory, USTC, China, 2007.

[94] Ribeiro C C, Martins S L, Rosseti I. Metaheuristics for optimization problems in computer communications. Computer Communications, 2007, 30(4): 656~669.

[95] Blum C, Roli A. Metaheuristics in combinatorial optimization: overview and conceptual comparison. ACM Computing Surveys (CSUR), 2003, 35(3): 268~308.

[96] Deb K. Multi-objective optimization using evolutionary algorithms. John Wiley & Sons, 2001.

[97] Schaffer J D. Multi-objective optimization with vector evaluated genetic algorithms. Pittsburgh: Carnegie-M ell on University, 1985: 93~100.

[98] Fonseca C M, Fleming P J. Genetic algorithm for multi-objective optimization: Formulation, discussion and generation. San Francisco: Morgan Kauffman, 1993: 416~423.

[99] Srinivas N, Deb K. Multi-objective optimization using nondominated sorting in genetic algorithms. Evolutionary Computation, 1994, 2(3): 221~248.

[100]Horn J, Nafpliotis N, Goldberg D E. A niche Pareto genetic algorithm f or multi- objective optimization. Piscataw ay: IEEE Service Center, 1994: 82~87.

[101] Zitzler E ,Thiel L. Multi-objective evolutionary algorithms: A comparative case study and the strength Pareto approach. IEEE Trans on Evolutionary Comput at ion, 1999, 3(4): 257~271.

[102] Zitzler E, Laumanns M, Thiele L. SPEA2: Improving the strength pareto evolutionary algorithm. Athens : International Center for Numerical Methods in Engineering, 2002: 95~100.

[103] Knowles J D, Corne D W. Approximating the non-dominated front using the Pareto archived evolution ion strategy. Evolutionary Computation, 2000, 8(2) :149~172.

[104] Corne D W, Knowles J D, Oates M J. The Pareto- envelope based selection algorithm for multi- objective optimization. PPLNCS 1917: Parallel Problem Solving from Nature) PPSN VI.Berlin:Springer, 2000: 869~878.

[105] Corne D W, Jerram N R, Knowles J D, et al. PESA-II: Region-based selection in evolutionary multiobjective optimization. Proceedings of the Genetic and Evolutionary Computation Conference (GECCO) 2001.

[106] Erickson M, Mayer A, Horn J. The niched pareto genetic algorithm 2 applied to the design of ground water remediation systems. Springer Berlin Heidelberg, 2001: 681~695.

[107] Deb K, Pratap A, Agarwal S, et al. A fast and elitist multiobjective genetic algorithm: NSGA-II. Evolutionary Computation, IEEE Transactions on, 2002, 6(2): 182~197.

[108] Coello C A C, Pulido G T, Lechuga M S. Handling multiple objectives with particle swarm optimization. Evolutionary Computation, IEEE Transactions on, 2004, 8(3): 256~279.

[109] Gong M, Jiao L, Du H, et al. Multiobjective immune algorithm with nondominated neighbor-based selection. Evolutionary Computation, 2008, 16(2): 225~255.

[110] Zhang Q F, Zhou A M, J in Y C. RM-MEDA: A regularity model based multi-objective estimation of distribution algorithm. IEEE Trans on Evolutionary Computation, 2008, 12(1) :41~63.

[111] Zhang Q, Zhou A, Jin Y. RM-MEDA: A regularity model-based multiobjective estimation of distribution algorithm. Evolutionary Computation, IEEE Transactions on, 2008, 12(1): 41~63.

[112] Bandyopadhyay S, Saha S, Maulik U, et al. A simulated annealing-based multiobjective optimization algorithm: AMOSA. Evolutionary Computation, IEEE Transactions on, 2008, 12(3): 269~283.

[113] Liu Y, Yao X, Zhao Q, et al. Scaling up fast evolutionary programming with cooperative coevolution. Proceedings of the 2001 Congress on. IEEE, 2001, 2: 1101~1108.

[114] 邓武. 基于协同进化的混合智能优化算法及其应用研究. 大连: 大连海事大学, 2012.

[115] Shi Y, Eberhart R C. A Modified Particle Swarm Optimizer. Proceeding of IEEE International Conference on Evolutionary Computation, Anchorage, 1998: 69~73.

[116] Eberhart R C, Shi Y. Particle swarm optimization: developments, applications and resources. Proceedings of the 2001 Congress on. IEEE, 2001, 1: 81~86.

[117] Eberhart R C, Shi Y. Comparing inertia weights and constriction factors in particle swarm optimization. Proceedings of the 2000 Congress on. IEEE, 2000, 1: 84~88.

[118] 伍大清，郑建国. 基于混合策略自适应学习的并行微粒群优化算法研究. 控制与决策，2013，28(7): 1087～1094.

[119] 张顶学，廖锐全. 一种基于种群速度的自适应微粒群算法. 控制与决策，2009, 23(7): 757-761.

[120] Clerc M. The swarm and the queen: towards a deterministic and adaptive particle swarm optimization. Washington: Proc of the ICEC, 1999: 1951～1957.

[121] 胡旺，李志蜀. 一种更简化而高效的微粒群优化算法. 软件学报，2007，18(4): 861-868.

[122] Van Den Bergh F. An analysis of particle swarm optimizers. Pretoria: University of Pretoria, 2006.

[123] Liang J J, Qin A K, Suganthan P N, et al. Comprehensive learning particle swarm optimizer for global optimization of multimodal functions. IEEE Trans on Evolutionary Computation, 2006, 10(3): 281～295.

[124] Liang J J, Suganthan P N. Dynamic multi-swarm particle swarm optimizer. Proceedings 2005 IEEE. IEEE, 2005: 124～129.

[125] 王翔，郑建国. 基于混沌局部搜索算子的人工蜂群算法[J]. 西安交通大学学报，2012，32(4): 1033～1036.

[126] Sha D Y, Hsu C Y. A hybrid particle swarm optimization for job shop scheduling problem [J]. Computers & Industrial Engineering, 2006, 51(4): 791～808.

[127] Xia W, Wu Z. An effective hybrid optimization approach for multi-objective flexible job-shop scheduling problems. Computers & Industrial Engineering, 2005, 48(2): 409-425.

[128] Qu B Y, Liang J J, Suganthan P N. Niching particle swarm optimization with local search for multi-modal optimization. Information Sciences, 2012, 19(7): 131～143.

[129] Zhang Q, Zhou A, Zhao S, et al. Multiobjective optimization test instances for the CEC 2009 special session and competition. University of Essex, Colchester, UK and Nanyang Technological University, Singapore, Special Session on Performance Assessment of Multi-Objective Optimization Algorithms, Technical Report, 2008.

[130] Zou W, Zhu Y, Chen H, et al. Solving multiobjective optimization problems using artificial bee colony algorithm. Discrete Dynamics in Nature and Society, 2011.

[131] Zhang Q, Li H. MOEA/D: A multiobjective evolutionary algorithm based on decomposetion. Evolutionary Computation, IEEE Transactions on, 2007, 11(6): 712～731.

[132] Zhan Z, Li J, Cao J, et al. Multiple populations for multiple objectives: a co-evolutionary technique for solving multi-objective optimization problems. Cybernetics, IEEE Transactions on, 2013: 43(2), 445～463.

[133] Zhao S Z, Iruthayarajan M W, Baskar S, et al. Multi-objective robust PID controller tuning using two lbests multi-objective particle swarm optimization. Information Sciences, 2011, 181(16): 3323~3335.

[134] 戚玉涛, 刘芳, 常伟远等. 求解多目标问题的Memetic免疫优化算法. 软件学报, 2013, 24(7):1529~1544.

[135] Chen W N, Zhang J, Chung H S H, et al. A novel set-based particle swarm optimization method for discrete optimization problems. Evolutionary Computation, IEEE Transactions on, 2010, 14(2): 278~300.

[136] Knowles J,Corne D. Properties of an adaptive archiving algorithm for storing nondominated vectors. IEEE Transactions on Evolutionary Computation,2003,7(2):100~116.

[137] Deb K, Jain S. Runnin g perf ormance metrics f or evolutionary multi- objective optimization, 2002004. Kanpur: Indian Institute of Technology Kanpur, 2002.

[138] Schott J R. Fault tolerant design using single and multi-criteria genetic algorithm optimization. Cam bridge: Massachusetts Institute of Technology, 1995.

[139] Ombuki B, Ross B J, Hanshar F. Multi-objective genetic algorithms for vehicle routing problem with time windows. Applied Intelligence, 2006, 24(1): 17~30.

[140] Yu B, Yang Z Z, Yao B Z. A hybrid algorithm for vehicle routing problem with time windows. Expert Systems with Applications, 2011, 38(1): 435~441.

[141] Li H, Lim A. Local search with annealing-like restarts to solve the VRPTW. European Journal of Operational Research, 2003, 150(1): 115~127.

[142] Tan K C, Chew Y H, Lee L H. A hybrid multiobjective evolutionary algorithm for solving vehicle routing problem with time windows. Computational Optimization and Applications, 2006, 34(1): 115~151.

[143] Ghoseiri K, Ghannadpour S F. Multi-objective vehicle routing problem with time windows using goal programming and genetic algorithm. Applied Soft Computing, 2010, 10(4): 1096~1107.

[144] Kallehauge B, Larsen J, Madsen O B G. Lagrangean duality applied on vehicle routing with time windows-experimental results. 2001.

[145] Bent R, Van Hentenryck P. A two-stage hybrid local search for the vehicle routing problem with time windows. Transportation Science, 2004, 38(4): 515~530.

[146] Berger J, Barkaoui M. A parallel hybrid genetic algorithm for the vehicle routing problem with time windows. Computers & Operations Research, 2004, 31(12): 2037~2053.

[147] Erlebacher S J, Meller R D. The interaction of location and inventory in designing distribution systems. Iie Transactions, 2000, 32(2): 155~166.

[148] Max Shen Z J, Qi L. Incorporating inventory and routing costs in strategic location models. European Journal of Operational Research, 2007, 179(2): 372~389.

[149] Ahmadi Javid A, Azad N. Incorporating location, routing and inventory decisions in supply chain network design. Transportation Research Part E: Logistics and Transportation Review, 2010, 46(5): 582~597.

[150] 崔广彬, 李一军. 模糊需求下物流系统CLRIP问题研究. 控制与决策, 2007, 22(9):1000-1004.

[151] 蔡洪文, 张殿业. 基于Lagrange松弛分解法的供应链生产—定位—路径集成问题优化. 中国管理科学, 2010, 18(3):53~57.

[152] Diabat A, Simchi-Levi D. A carbon-capped supply chain network problem. IEEE International Conference on. IEEE, 2009: 523~527.

[153] Figliozzi M A. The impacts of congestion on time-definitive urban freight distribution networks $CO2$ emission levels: Results from a case study in Portland, Oregon. Transportation Research Part C: Emerging Technologies, 2011, 19(5): 766~778.

[154] Wygonik E, Goodchild A. Evaluating $CO2$ emissions, cost, and service quality trade-offs in an urban delivery system case study. Iatss Research, 2011, 35(1): 7~15.

[155] Hua G, Cheng T C E, Wang S. Managing carbon footprints in inventory management. International Journal of Production Economics, 2011, 132(2): 178~185.

[156] Wang F, Lai X, Shi N. A multi-objective optimization for green supply chain network design. Decision Support Systems, 2011, 51(2): 262~269.

[157] Giarola S, Shah N, Bezzo F. A comprehensive approach to the design of ethanol supply chains including carbon trading effects. Bioresource technology, 2012, 107: 175~185.

[158] Xiao Y, Zhao Q, Kaku I, et al. Development of a fuel consumption optimization model for the capacitated vehicle routing problem. Computers & Operations Research, 2012, 39(7): 1419~1431.

[159] Candas M F, Kutanoglu E. Benefits of reconsidering inventory in service parts logistics network design problems with time-based service constraints. IEEE Transactions, 2007, 39, (2): 159~176.

反侵权盗版声明

电子工业出版社依法对本作品享有专有出版权。任何未经权利人书面许可，复制、销售或通过信息网络传播本作品的行为；歪曲、篡改、剽窃本作品的行为，均违反《中华人民共和国著作权法》，其行为人应承担相应的民事责任和行政责任，构成犯罪的，将被依法追究刑事责任。

为了维护市场秩序，保护权利人的合法权益，我社将依法查处和打击侵权盗版的单位和个人。欢迎社会各界人士积极举报侵权盗版行为，本社将奖励举报有功人员，并保证举报人的信息不被泄露。

举报电话：（010）88254396；（010）88258888
传　　真：（010）88254397
E-mail：　　dbqq@phei.com.cn
通信地址：北京市万寿路 173 信箱
　　　　　电子工业出版社总编办公室
邮　　编：100036